전기자동차 충전 인프라
시장 보고서

(주) BP 기술거래

목 차

I. 서론

전기자동차(EV)는 내연기관 차량을 대체하며 자동차 산업의 패러다임을 바꾸고 있다. 친환경 정책과 배터리 기술 발전에 힘입어 전 세계 전기차 보급은 가파르게 증가하고 있다. 이러한 전기차 시대의 도래와 함께 충전 인프라에 대한 중요성도 커지고 있다. 전기차 운행을 위해서는 충전기와 이를 둘러싼 충전 인프라가 필수적이며, 이는 전기차 보급 속도를 좌우하는 핵심 요소다.

딜로이트는 2020년부터 2030년까지 10년 동안 전 세계 전기차 시장 성장률이 연평균(CAGR) 29%에 달할 것으로 전망했다. 이러한 시장변화에 발맞추어 2021년 초 대표적인 자동차 OEM 기업인 폭스바겐 그룹은 2030년 유럽에서 판매하는 자동차의 70%를 전기차로 달성하겠다고 선언하면서, 전기차에서 핵심적인 역할을 하는 배터리도 자체생산 체제로 전환하겠다는 의지를 밝히는 등 강화된 전기차 로드맵을 발표하였다. 또한, GM도 2040년까지 탄소배출 '제로'를 선언하며 2035년부터 휘발유·경유 차량 생산을 중단하고, 2040년 자동차 공장 배출 탄소 '제로'를 달성하겠다고 선언하는 등, 기존 내연기관 자동차의 강자들이 본격적으로 순수전기자동차 시장으로의 전환을 선언함으로써 자동차 산업은 빠르게 순수 전기차 시장으로 변화해 갈 것으로 예상된다.

한편, 이전까지 기술적 한계, 시장 점유율 등과 같은 여러 가지 진입장벽으로 내연기관 자동차 시장에 진입하지 못하였던 다양한 IT 기업 및 스타트업이 전기차 시장에 출사표를 던지고 있다. 2021년 초에는 애플의 전기차 시장 진입설이 글로벌 이슈가 되었으며, 중국의 대표적인 IT 기업인 샤오미는 전기차 시장에 10년간 100억 달러 투자를 선언하고, 전기차 생산을 위한 자회사를 설립할 것이라고 밝혔다. 이외에도 바이두, 알리바바 등과 같은 IT 기업들이 전기자동차 사업으로 사업을 확대할 것이라고 밝힌 바 있다. 이미, 리비안, 피스커, 니오, 샤오펑 등과 같은 많은 전기자동차 스타트업은 제2의 테슬라를 꿈꾸며 전기자동차 시장 확대에 기여하고 있다.

탄소배출규제가 점차 강화됨에 따라 전기차, 수소차로 대표되는 친환경차(하이브리드차, 플러그인 하이브리드차, 전기차, 수소차 등)의 점유율은 지난 4년간('15~'19년) 16.5배 증가하였고, 점유율 또한 15.9%로 급증하였다. 이러한 급증의 주요 배경에는 정부의 전기차·수소차 보급 확대 정책, 제작사의 선제적 대응, 국민들의 미세먼지 등 대기환경에 대한 인식변화가 크게 작용하였다고 볼 수 있다.

친환경 차량인 전기 자동차는 값싼 전기를 이용함으로써 운행비용이 내연기관 자동차에 비해 많이 절감되며, 내연 기관 자동차의 핵심 부품인 엔진/변속기/연료공급장치/배기장치 등이 탑재되지 않아, 엔진/변속기에 들어가는 윤활유 및 필터 등 소모품의 주기적인 교환이 필요 없게 되어 자동차 유지비가 현저히 절감된다. 성능 면에서 전기모터가 가솔린 엔진에 비해 저속에서의 출력성능이 우수하고, 엔진 소음 및 진동이 적어 차량 수명이 상대적으로 양호하다. 또한, 전기자동차의 보급 확대는 향후 오일 가격 안정화에 기

여할 것이며, 전기 자동차와 기존 내연 기관 자동차 일정 부분이 시장을 나눠 가지며 성장할 전망이다.

전기 자동차 충전장치는 분산 전원시스템과 연계하여 전기 자동차에 전력을 공급한다. 또한 ISO/IEC 15118 프로토콜을 사용하여 전기 자동차로부터 수집된 정보를 인프라 운영 시스템으로 전달하거나, 반대로 IEC 61850 프로토콜을 사용하여 제공받은 실시간 전력 정보(information)를 전기 자동차로 전달한다.

국제 표준인 ISO/IEC 15118은 전기차와 충전장치의 데이터 교환을 위한 디지털 통신 프로토콜로써, 효율성과 안전성, 그리고 호환성 제공을 목표로 개발되었고, 기존에 기본적인 정보만을 전송하는 기능만 부여할 뿐 아니라 데이터 교환을 통해 충전 시작과 종료, 요금 지불, 인증 및 보완, 충전제어, 스케줄링, 부가 서비스 등 보다 다양한 충전기능 및 부가 서비스를 제공해 줄 수 있다. 그 외 전력계통 전반의 자동화를 위해 제정된 국제표준 IEC 61850은 전력망에 연계된 전력 장비 (Intelligent Electronic Devices, IED)등의 정보 교환을 위한 데이터 모델 및 통신 규약을 제공하고, 심지어 이상 감지 및 진단을 통해 설비고장에 대한 사전 예측이 가능할 것이며, 또한 어플리케이션 모델과 커뮤니케이션 모델을 분리함으로써 전력 계통 자동화에 필요한 모든 기능을 가능하게 하고, 새로운 통신 기술에 유연하게 대처할 수 있어 전기 자동차에 지능형 전력망으로 도입이 진행 중에 있다.

전기 자동차 충전기는 넓게 보면 전기차 충전 인프라의 구성요소이며 충전하는 방식에 따라 직접충전방식, 비접촉충전방식, 배터리 교환방식, 그리고 무선 충전 방식 등으로 구분된다. 직접 충전방식은 완속과 급속 충전방식이 있고, 현재 대부분의 전기차에 적용되는 방식으로 플러그를 통해서 충전되는 방식이며, 배터리 교환방식은 전기버스 등에 적용되는 방식이다. 직접 충전방식의 완속충전은 교류 전원을 이용해 배터리를 충전하는 방식인데 충전기의 교류를 배터리의 직류로 변환해야 하기 때문에 충전 시간이 4~5시간 정도 걸린다. 반면 급속충전은 별도의 변환을 거치지 않고 충전해 완속충전보다 충전 속도가 훨씬 빠르다.

급속 충전기의 커넥터는 4가지 방식 (차데모, DC 콤보 및 AC 3상, AC단상) 등이 전기차 충전에 사용되고 있으며, 2010년 도쿄 전력이 개발하고 주체가 되고 있는 차데모는 닛산, 토요타, 미쯔비시에 적용하고 있고, 국내 적용차로는 기아, 레이 EV, 소울 EV이 적용 대상이 되는 차이며, 완속 급속 소켓이 구분되어 있고, 전파 간섭의 우려가 적은 특징이 있으며, 충전기 부피가 크고, 충전시간이 다소 긴 (약 80% 충전하는데 30분 소요되는) 단점이 있다. 국가기술표준원은 2017년 12월에 전기차 급속 충전방식을 '콤보1'으로 권장하는 내용의 한국산업규격(KS) 개정을 고시했다. 콤보1은 미국과 캐나다 등 북미에서 미국자동차공학회 표준으로 채택된 방식이다. 콤보1은 DC콤보 충전방식이다.

이 방식은 완속충전용 교류 모델에 급속충전용 직류 모듈을 동시에 사용할 수 있는 방식이다. BMW i3, 쉐보레 스파트 EV가 이 방식을 택했다. 업계에 따르면 이 방식을 사용하면 커넥터 통합, 공간 활용도 등의 이점이 있는 것으로 알려졌다. 한편, AC 3상 방식은 프랑스 르노가 채택한 방식으로 별도의 직류 변환 어댑터가 필요 없다는 장점이 있다. 낮은 전력을 이용해 효율이 높고, 직류 변환 장치가 필요 없어 다른 충전방식에 비해 인프라를 구축하는 비용이 낮은 것이 장점으로 꼽힌다. DC콤보처럼 하나의 케이블로 급속충전과 완속충전이 가능하다는 것도 장점이다.

테슬라는 자체 충전방식인 '슈퍼 차저'를 택하고 있고, 중국에서는 택시와 같은 대중교통 수단을 중심으로 전기차 보급을 하고 있는데 차데모 방식을 변형한 자체적인 방식을 운영 중이다.

콤보와 차데모간의 호환성 확보에 최대 난점은 전기차와 급속 충전기 통신 네트워크 차이이다. 차데모는 일반적인 차량 통신 네트워크인, CAN을 사용하지만, 콤보는 전력선 통신 (PLC)을 채용하고 있다.

전기차 충전인프라 구축에 가장 중요한 표준 중 하나가 바로 커넥터-인렛 표준 (IEC 62196)이다. 휘발유 자동차의 연료는 커넥터 해당하는 주유기에 인렛에 해당하는 주입구가 들어가기만 하면 어디에서든 충전 즉, 주유가 가능하며, 통신 할 필요도 없다. 하지만, 전기차의 경우, 교류 및 직류, 교류의 경우 단상 및 삼상, 커넥터 형상, 아날로그 제어 및 감시신호, 디지털 통신이 정확하게 이루어 져야 충전이 가능하게 된다.

IEC 62196-1은 커넥터 및 인렛에 대한 공통 표준이며 국제표준으로 발간이 완료되었다. IEC 62196-2는 교류용 커넥터-인렛 표준이며 크게 5핀과 7핀용이 있다. 5핀은 단상용이며 주로 한국, 일본, 미국이 사용하고 있고, 7핀은 삼상용이며 주로 유럽과 중국에서 사용하는 추세다. 단상과 삼상의 차이는 충전 전력에 차이가 있어 결국은 충전 시간에 영향을 준다. 전기차 탑재 OBC의 용량은 단상의 경우 약 7.5 kW, 삼상의 경우 약 25 kW 까지 가능하다.

IEC 62196-3은 직류용 커넥터-인렛 표준이며, 일본, 중국은 직류 전용 커넥터 인렛을 제안했으며, 서로 다른 형상이다. 미국은 교류 5핀을 직류용 커넥터-인렛으로 사용하는 방안과 5핀을 제어 신호로 사용하는 직류 전용 커넥터 인렛을 제안하였고, 독일을 포함한 유럽은 교류 7 핀을 직류용 커넥터 인렛으로 사용하는 방안과 7핀을 제어 신호로 사용하는 직류 전용 커넥터-인렛을 제안하였다. 따라서 직류용 국제 표준은 단일화가 되기 어려운 상황이다.

또한, 교류 충전(AC)의 경우, 국가별 전력 인프라에 따라 핀수가 다른 커플러를 채택,

직류 충전 (DC) 또한 제조사 마다 기술력과 개발방향이 달라 다양한 충전 방식과 커플러가 국내외 시장에서 경쟁이 이뤄지고 있는 상황이다. (교류 충전: 한국 미국 일본 (5핀), 유럽, 중국 (7핀) 적용, 직류 충전: 제조사 (기아, GM, BMW등) 차데모 (DC 전용), 5 핀/7핀 콤보 적용. 따라서 다양한 충전방식이 적용이 되며, 단일 표준화가 안 되는 이유이기도 하다.)

한편, 중국에서는 충전기 및 충전 인프라 사업이 민간 및 국외 기업들과의 파트너쉽의 형태로 발전되고 있고, 중국에서 스위스 전기회사인 ABB, electronic 은 차데모나 콤보의 호환의 문제를 넘어선 독자적인 단상의 급속 충전 시스템을 개발, 급속 충전기의 세계 표준화를 시도하고 있다. 기술적인 면에서 차데모나 콤보의 호환이 안 되는 난점을 뛰어 넘어 급속 충전기의 세계 표준화를 시도하고 있고, 중국 정부도 전기차 활성을 위해 적극 지원 중이다.

최근에는 전기차 시장에 무선 배터리 관리 솔루션(WBMS)과 무선 충전 시스템 바람이 불고 있다. 무선 시스템은 연결에 필요한 구리선 등 무거운 부품의 비율과 배터리 무게를 줄여 전기차 경량화와 주행거리를 향상에 유리하다. 최근 제너럴모터스(GM) 등 기업을 비롯해 완성차 업계에서 전기차 무선 시스템 개발에 박차를 가하는 중이다. 무선 충전 분야는 소용량 (승용) 및 대용량 (버스) 충전 기술에 대한 표준화가 진행 중이며, 대용량 무선 충전 전기 자동차에 우리 기술을 반영하기 위해 적극 대응하고 있다.

전기 자동차 충전장치는 분산 전원 시스템과 연계하여 전기 자동차에 전력을 공급하며, 연결된 전력망과 통신망을 통해 전기 자동차로부터 수집된 정보를 인프라 운영 시스템으로 전달하거나, 제공받은 실시간 전력정보를 전기 자동차로 전달할 수 있다. 따라서 기존에 기본적 정보만을 전송하는 것에 비해, 다양한 충전기능 및 부가 서비스를 부여할 수 있는 IT 기술과의 접목으로 시너지 창출 및 전기차의 수요층을 확대시켜 전기 자동차 수요를 늘릴 수 있을 것으로 본다.

Ⅱ. 개 요

1. 전기자동차

전기자동차는 배터리에 저장된 전기에너지로 모터를 구동하는 차량을 말한다. 주행 시 배기가스를 배출하지 않아 환경 친화적이며, 에너지 효율이 높다는 장점이 있다. 전기자동차에는 순수 배터리 전기차(BEV), 플러그인 하이브리드 전기차(PHEV) 등이 있으며, 일반적으로 전기차라 하면 BEV를 지칭하는 경우가 많다. 2010년대 후반부터 전기차 시장은 빠르게 성장하고 있으며, 2023년 기준으로 전 세계 신차 판매의 약 18%가 전기차로 채워질 정도로 보급이 확대되었다. 이는 정부의 친환경 정책, 보조금 지원, 배터리 가격 하락, 충전 인프라 확충 등이 맞물려 나타난 결과다. 특히 유럽연합과 미국, 한국 등 주요 국가들은 탄소 중립 및 기후변화 대응 전략의 일환으로 내연기관차 퇴출 시점과 EV 전환 목표를 발표하며 전기차 보급을 강력히 추진하고 있다.

전기차 확산의 배경에는 기술 발전도 중요한 역할을 했다. 최근 수년간 배터리 에너지 밀도 향상과 가격 하락으로 전기차의 주행거리와 경제성이 개선되었다. 1회 충전 시 주행가능거리가 대폭 늘어나 소비자의 주행 거리 불안감(range anxiety)이 줄어들었고, 다양한 차급과 모델의 전기차가 출시되면서 선택지도 넓어졌다. 또한 전기차는 내연기관 차량 대비 구조가 단순하고 유지보수 비용이 낮아 총소유비용(TCO) 측면에서도 경쟁력이 높아지는 추세다. 이러한 요인들이 맞물려 전 세계 자동차 산업은 전동화(Electrification)라는 대전환기를 맞이하고 있다.

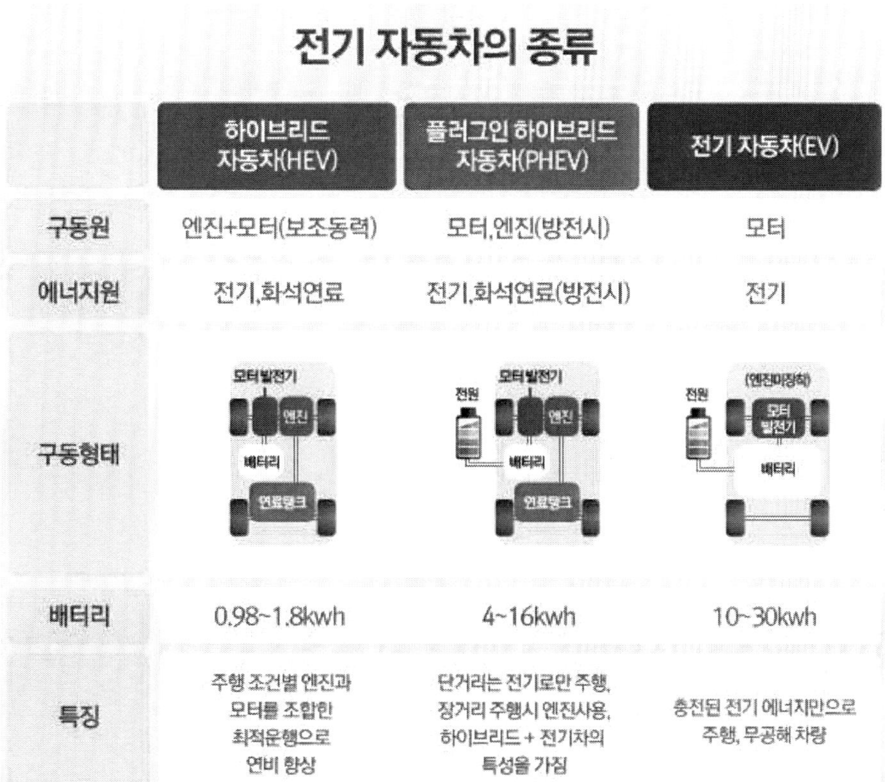

전기자동차의 종류 (출처: 삼성SDI)

전기자동차는 자체적으로 이산화탄소 및 배기가스등 공해물질을 배출하지 않아 친환경적이나 전기 자동차 운영을 위한 전기를 생산하는 과정에 화석 연료의 사용 확대가 문제로 발생됨에 따라, 각국은 전기자동차의 개발과 함께 태양광등 청정 대체 에너지 개발에 꾸준한 노력을 기울이고 있다.[1)]

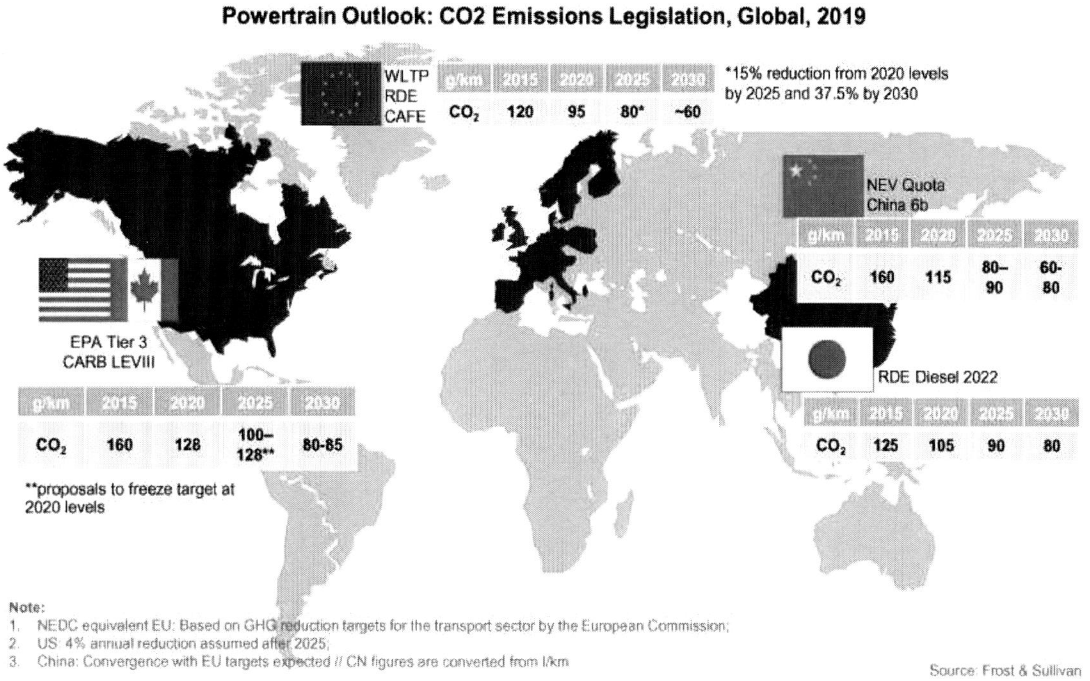

글로벌 CO2 배출규제
(출처: Frost & Sullivan, 2020. 05.)

전기 자동차는 값싼 전기를 이용함으로써 운행비용이 내연기관 자동차에 비해 많이 절감되며, 내연 기관 자동차의 핵심 부품인 엔진/변속기/연료공급장치/배기장치 등이 탑재되지 않아, 엔진/변속기에 들어가는 윤활유 및 필터 등 소모품의 주기적인 교환이 필요 없게 되어 자동차 유지비가 현저히 절감된다.

성능면에서 전기모터가 가솔린 엔진에 비해 저속에서의 출력성능이 우수하고, 엔진 소음 및 진동이 적어 차량 수명이 상대적으로 양호하다.

세계 자동차 시장에서 전기자동차가 화두가 된 주요 원인은 오일 가격상승과 환경오염에 따른 전기자동차의 보급 확대 유도이며 이는 향후 오일 가격 안정화에 기여할 것이다. 아울러, 전기자동차와 기존 내연 기관 자동차 일정 부분 시장을 나눠 가지며 성장할 전망이다.

1) 전기 자동차 산업 기술 이슈, 국내 전기자동차 기술 경쟁력 분석, 노형복

1) 전기 자동차의 구동원리

배터리에 저장된 전기 에너지가 제어부인 컨버터와 인버터를 거쳐 모터에 전달되어 구동함으로써 운행이 이루어진다. 순수하게 배터리의 힘만으로 움직이는 전기 자동차를 충전하는 케이블 충전기로는 완속 충전기와 급속 충전기가 있다. 최근 무선 충전도 상당한 진전을 보이고 있다.

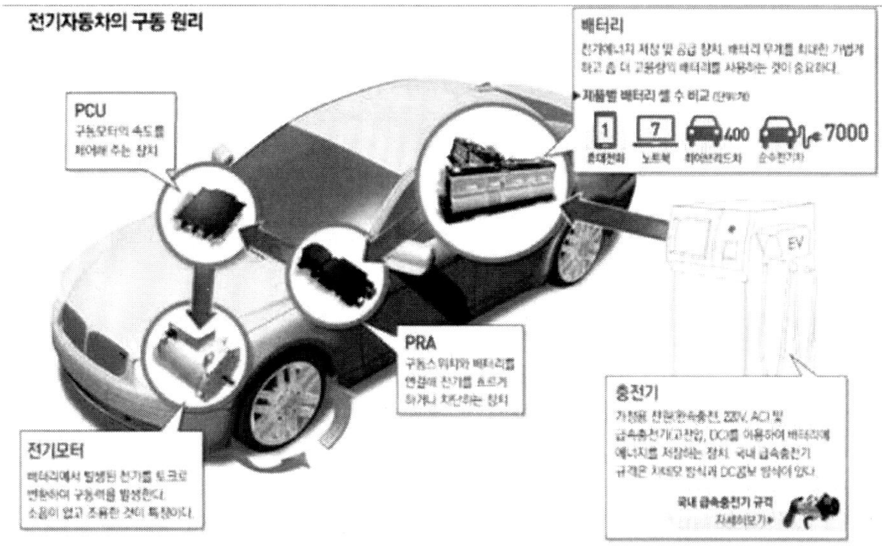

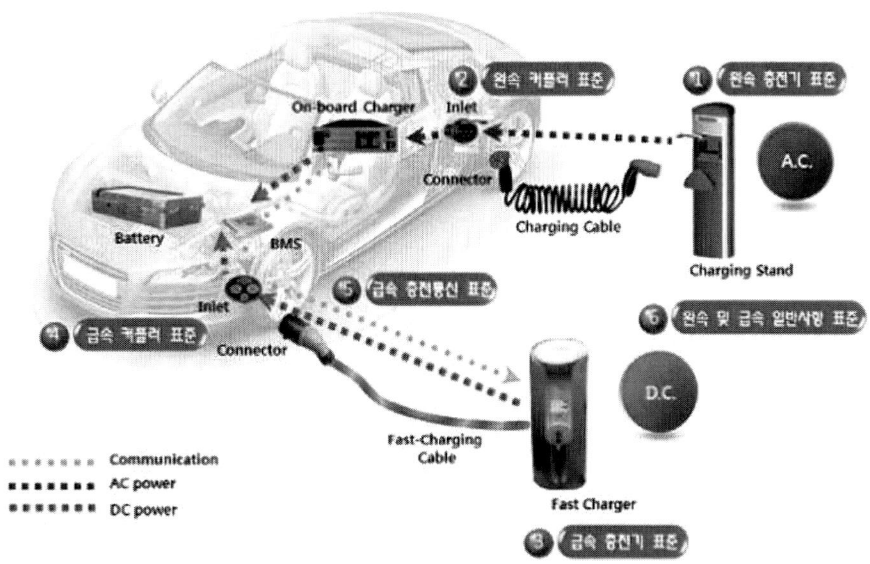

(출처: http://bit.ly/Ovw8tA, http://www.ecoroko.com)

전기자동차의 구동 원리

2) 전기 자동차의 장점

(1) 적은 소음과 진동

전기차는 기존 가솔린차와 달리 엔진이 없기 때문에 소음이 적고 모터로만 달리기 때문에 진동 또한 적다.

(2) 차량 유지비가 경제적

내연 기관의 휘발유 주유에 비해 전기로 충전함으로 비용이 훨씬 적게 든다. 특히 야간 충전시 심야 전력 요금제 반영으로 더욱 저렴하게 충전이 가능하다. 또한 차량 구조 내 변속기가 없기 때문에 부품관리에도 보다 편이하고, 유지 보수비가 경제적이다.

(3) 친환경

내연기관을 사용하지 않기 때문에 일산화탄소, 이산화탄소, 탄화수소, 오존등 대기오염과 지구 온난화의 주범이 되고 인체에 유해한 배기가스를 배출하지 않는다.

(4) 세금 및 운행료 혜택

전기차의 보편화를 위해 정부에서는 전기차를 구매할 때 보조금을 지급하고 있다. 또한 구매 시에 내야하는 세금 그리고 구매하고 난 후에 내는 세금 모두를 할인 받을 수 있다. 또한 고속도로를 이용할 때 내야하는 통행료를 할인 받을 수 있다. 전기차의 하이패스로 통행료를 지불할 때 50% 할인 된 금액만 내면 되는데, 22년 12월까지 혜택을 받을 수 있다. 전기차가 공영주차장을 이용하여 충전을 했을 시에는 1시간 내에는 주차요금 면제, 1시간 이상 시에는 이용요금의 50%를 할인 받을 수 있다. 충전 시에도 할인을 받을 수 있는데 22년 7월까지 충전 기본요금의 50%, 전력량 요금 할인율 30%를 적용 받을 수 있다.

(5) V2G(Vehicle to Grid)[2)]

전기 수요가 적은 밤 시간대에 충전하여 전기 수요가 많은 낮 시간대에 전기 자동차의 잉여 전기를 전력회사로 되파는 개념이다. V2G 기술(V2G Techonology)는 전기 차 배

2) Green living expert, living green magazine, tips, Infographic: Vehicle-to-Grid(V2G) Power Storage.https://greenlivingguy.com/2016/04/05/infographic-vehicle-to-grid-v2g-power-storage-why-electric-vehicles-matter/

터리에 충전된 전기 에너지를 필요한 경우, 전력 계통으로 재공급하거나 비상시 고객자체 전원으로 활용하는 시스템이다.

평상시에는 충전한 전기 차량의 전기를 주행에 사용하고 전력의 수요가 많은 낮 피크 시간대에 차량에 있는 잉여 전력을 반대로 송전하여 고객은 수익을 창출하고 발전소는 가동률을 줄이고 피크시간대의 전력부하를 완화하여 효율적인 에너지 관리가 가능하다.

최근 현대차와 기아, 현대캐피탈은 제주특별자치도와 협약을 통해 전기차 배터리 전력을 건물에 공급하는 'V2B(Vehicle To Building)'를 실증하여 향후 V2G 상용화를 위한 발판을 마련하기로 했다. 전기차는 고용량 배터리를 탑재한 움직이는 에너지저장장치(ESS)로 주행 중 남는 전력을 건물에 공급하고 전력망 안정화에도 이바지하는 등 효율적인 에너지 활용을 할 수 있다.

중장기적으로 전력판매가 가능해지면 전기차주는 차량 배터리에 남은 전기를 전력망에 공급해 신규 수익 창출의 기회도 가질 수 있다.

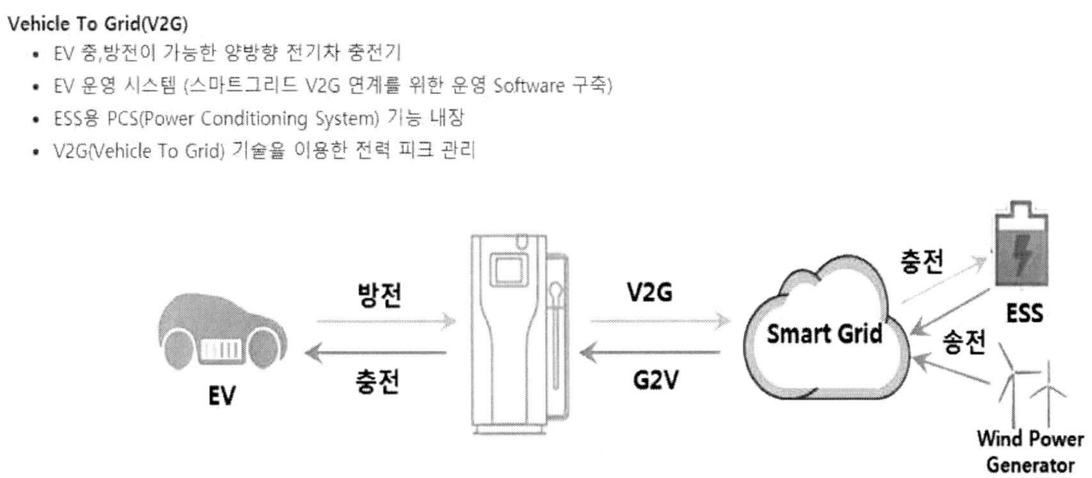

V2G 개념 (출처: http://www.joas.co.kr/ev-charging/product/fast/)

(6) 배터리 리스 사업

전기 자동차 배터리 리스 사업은 전기 자동차의 절반에 해당하는 배터리 가격부담을 덜고, 배터리 수명과 충전에 대한 불안감을 해소해 준다. 그리고 버스나 택시 렌터카 업체는 배터리를 제외한 차량 본체 가격만 지불하고, 연료비 절감액의 일부를 배터리 리스 사업자에게 리스 비용으로 지불하며 나머지 절감액은 버스 등 업체가 가져가는 방식이다. 따라서 전기 자동차의 비싼 자체 요금 및 연료비나 유지 보수비 등으로 부담스러워

하는 업체나 운전자들에게 초기 구입부담을 획기적으로 덜어주고 보다 많은 대중교통에 전기차를 활용함으로써 전기차의 보급 활성화에 박차를 가할 수 있는 사업으로 기대되고 있다.

정부가 2025년까지 전기차 가격을 1000만 원 이상 인하해 내연기관차 수준의 경제성을 확보하겠다는 구상을 밝혔다. 전기차 '배터리리스' 제도를 도입해서 전기차 초기 구입비용을 절반으로 줄이겠다는 구상도 제시했다. 정부는 전용플랫폼 개발과 배터리 등의 핵심소재 국산화를 통해 전기차 가격을 낮춘다는 계획이다. 승용차의 경우 현대차의 전기차 전용플랫폼(E-GMP)이 아이오닉5 등에 적용되고 있는 상황이다. 여기 더해 정부는 전기 트럭, 전기 버스 등의 전용 플랫폼 개발도 지원할 계획이다.

자동차 업계 관계자는 "전기차 초기 개발 시절의 경우 대당 가격이 1억원을 넘었지만, 부품 양산과 대량 생산과정에서 점차 가격이 낮아졌다"며 "다만 1000만원이라는 인하 규모는 현재와 유사한 사양을 비교한 것으로, 2025년 전기차의 주행거리가 늘리기 위해 배터리가 더 장착되거나 다른 신기술이 적용될 경우에는 인하 예상 가격은 조정이 될 수 있다"고 했다.

정부는 전기 택시 등을 대상 배터리 대여(리스) 사업을 도입해 초기 구매가격을 절반으로 낮춘다는 계획도 세웠다. 올해부터 전기 택시·트럭을 대상으로 시범사업이 시작되며, 2022년에는 수소 버스로 사업이 확대될 계획이다.[3]

2. 전기 자동차 충전 인프라

전기차 시대에는 연료인 전기를 공급하기 위한 새로운 인프라가 필요하다. 전기자동차 충전 인프라란 전기차에 전력을 충전해주는 모든 설비와 서비스를 포괄하는 개념이다. 이는 크게 충전기(충전 설비)와 이를 운영하는 시스템 및 네트워크로 구성된다. 전기차 운전자는 가정이나 직장에서 개인용 완속 충전기를 이용할 수도 있고, 공공 장소나 고속도로 휴게소 등에서 설치된 급속 충전기를 이용할 수도 있다. 이처럼 충전 인프라는 장소와 용도에 따라 다양한 형태로 구축되며, 전기차 보급 확산을 위해서는 광범위하고 편리한 충전망이 필수적으로 요구된다.

충전 인프라는 단순히 충전기 기기를 설치하는 것에 그치지 않고, 전력 공급망과 정보통신 기술까지 아우르는 복합 인프라다. 예를 들어, 충전소에 충분한 전력을 공급하기 위한 전력설비 증설과 전력망 관리, 사용자가 편리하게 충전기를 찾고 결제할 수 있는 모바일 앱 및 결제 시스템, 서로 다른 사업자 간의 로밍 서비스 등이 모두 충전 인프라의

3) 2025년 '반값 전기차' 나온다. (조선비즈, 2021. 02.)

일부다. 특히 여러 사업자가 각기 설치한 충전기를 운전자들이 불편 없이 공동 활용하도록 하기 위해 표준화된 통신 프로토콜과 과금 체계가 중요하다. 결국 전기차 충전 인프라는 하드웨어인 충전기부터 소프트웨어 서비스, 전력인프라까지 망라하는 종합 에너지-IT 인프라라고 할 수 있다.

전기차 초기 시장에서는 충전 인프라 부족이 보급의 걸림돌이 될 것이라는 우려가 컸다. 하지만 최근 각국 정부와 민간기업의 적극적인 투자로 충전 인프라 수가 빠르게 늘어나고 있다. 충전 인프라 확충은 전기차 사용자들의 편의성과 심리적 안정감을 높여 전기차 보급을 가속화시키는 선순환을 만든다. 따라서 전기차 시대의 성공을 위해 충전 인프라 구축은 자동차 제조 못지않게 중요한 과제로 인식되고 있다.

Ⅲ. 충전기/충전인프라의 개관

1. 전기 자동차 충전 관련 업체

전기차 충전 인프라 생태계에는 다양한 유형의 업체들이 참여하고 있다. 충전기 제조업체, 충전 서비스 운영업체, 전력 및 에너지 기업, 자동차 제조사, 정보기술 기업 등이 서로 협력하며 시장을 형성한다.

1) 충전소 관련 기업

(1) GS

자회사인 GS칼텍스는 각 지점 주유소에 전기차 충전기와 급속 충전기 설치로 전기차 충전소의 접근성과 충전 속도 개발을 위한 사업을 확대 진행하고 있으며, 배터리 안전진단 서비스를 제공할 예정이라고 한다. GS칼텍스는 LG전자와 함께 신개념 형태의 에너지 모빌리티 융합 스테이션 사업을 진행 중이다.

(2) 현대차

미국 바이든 대통령의 당선으로 인한 전기차 보급의 가속화로 인한 수혜와 2022년 엔비디아와 함께 커넥티드카 운영체제를 모든 자동차에 보급 적용할 계획이다. 2021년까지 전국에 초 급속 충전소 20곳을 구축할 예정에 있으며, 국내 최대 규모의 전기차 충전소 인프라에 투자할 예정으로 전기차와 수소 전지차 충전소의 보급을 확대할 전망이다.

(3) 포스코ICT

안랩과 함께 스마트팩토리 보안사업을 추진하고 있으며, 메가존 클라우드와 아마존 웹서비스 RPA 파트너십을 체결했으며, 국내 1호 전기차 충전사업을 하였으며, BMW, 현대차와 같은 완성차 업체의 충전소 설치 협력사로 선정된 기업이다.

(4) SK네트웍스

현대차와 전기차 충전소 조성을 위한 협약을 체결했으며, 부족한 충전 인프라 구축을 위해 전국 16개의 직영주유소에 전기차 급속 충전기 사업을 진행하고 있다.

(5) SK이노베이션

2차 전지의 수요로 인한 매출 상승이 예상되고 있으며, 우리나라 2차 전지 대표 3사 중 하나이다. 늘어나는 전기차의 수요 대비로 전기차 충전소 인프라 구축을 위해서 2023년

까지 190개의 전기차 충전소를 확대할 예정이다.

(6) 피앤이솔루션

2차 전지 후공정 장비 1위 기업으로 충전소 및 전력 공급 시스템 등을 통합 모니터링과 운영 시스템까지 가능한 스마트 그리드 과련 기업이며 중국에 1만 개의 전기차 충전소를 설치할 예정이다.

(7) 피에스텍

스마트 그리드의 핵심기술인 원격검침시스템과 제주 실증 단지 컨소시엄에 참여한 기업으로 스마트 그리드 관련 기업이며 전기차 충전소의 전기차 급속 충전기를 개발하여 판매하는 기업이다.

2) 충전기 제조사

전기차에 전력을 공급하는 충전기 하드웨어를 개발·생산하는 업체들이다. 글로벌 시장에서는 ABB, 시그넷이브이(SK시그넷), 지멘스, 트리티움(Tritium) 등 기술력을 갖춘 기업들이 급속·초급속 충전기부터 완속 충전기까지 다양한 제품군을 공급하고 있다. 이들 제조사는 충전 속도 향상과 신뢰성 제고를 위한 기술 개발에 주력하고 있으며, 각 지역의 표준(커넥터 형태, 통신 규약 등)에 맞는 제품을 제공한다.

(1) 시그넷

1세대 급속충전기 제조사, 현재는 해외 OEM 전용 충전기 사업에 매진하고 있다. 대부분의 초기 환경공단의 급속/완속 충전기의 공급자로 여전히 고속도로 휴게소와 관공서 급속/완속 충전기는 시그넷EV가 사용되고 있다.

(2) 대영채비

충전사업자인동시에 충전기 제조사, 에너지공사/환경부 등 주요 국가 충전기 설치사업에 최근 많이 진행하고 있다. 특히 검은색과 롤러가 달려있는 고속도로 휴게소의 충전기는 대부분이 대영채비의 충전기이다. 최근 대구 지역을 중심으로 충전기 위탁 운영/관리 사업도 확장하고 있다.

(3) 중앙제어

포스코 ICT에 급속/완속 충전기를 많이 공급했다. 최근에는 OEM 전용 충전기나 아파트 / 상가에 비공용 충전기 공급을 많이 진행하고 있다.

(4) 클린일렉

완속충전기 제조사로 지앤텔/파워큐브/한국충전/LH아파트 등에 충전기를 공급하고 있다. 특히 QR코드를 이용한 결재나 앱 결제시스템을 만들어 자사 충전기와 같이 공급하고 있다.

(5) 알박

일본계 반도체 테스트 장비업체의 국내 충전사업로, 주로 르노 삼성과 에버온과 AC3상과 AC단상 커넥테를 동시에 지원하는 완속충전기를 공급했다. 최근 50kW/100kW 급 충전기를 국내에 선보이고 진행하고 있다.

3) 충전 서비스 회사

설치된 충전기를 실제 운영하며 사용자에게 충전 서비스를 제공하는 기업들이다. 충전 요금 부과, 유지보수, 충전망 관리 등 운영 플랫폼을 구축하여 전기차 운전자들에게 충전 편의를 제공한다. 미국의 EVgo, 차지포인트(ChargePoint), 한국의 GS차지비, 에버온, 유럽의 이오니티(IONITY) 등이 대표적인 CPO이다. 이들은 자체 충전소를 설치하기도 하고, 타사의 충전기 운영을 대행하거나 로밍 협약을 통해 충전 네트워크를 확장하기도 한다.

(1) 한국 전기차 서비스 (KEVCS, happy chrger)

한국전기차충전서비스에서 제공하는 서비스이다. 제주도를 주 타겟으로 충전 서비스를 진행하고 있으며, 내륙에도 일부 설치되어 있다. 전기자동차 충전 인프라 공동 사용으로 인해서 해피차저 카드를 이용해 다른 충전 시설도 이용 할 수 있다. 해피차저 카드는 제주도에서 전기차 렌트시 가장 많이 제공해 주는 충전카드이다. 최근에는 현대자동차는 차량 구매시 무제한(기간한정) 충전 카드로 제공하고 있다. kW당 충전 요금은 173.8원이다.

(2) 차지비 (ChargEV)

포스코 ICT로 부터 분사한 사업자 기존의 포스코ICT 의 서비스를 승계하고 있다. 주로 완속 충전기를 제공하고 있으며, 일부 자동차 (아이오닉EV, 소나타PHEV일부, BMW) 는

충전시 이용할 수 있는 적립금이 포함된 카드를 제공하여 무상으로 사용 할 수 있다. 비교적 환경부 급속 충전기보다 높은 요금을 부과하고 있다. 충전기 이용시 회원카드가 필요하지만, 앱을 이용하여 충전을 진행 할 수 있으며, kW당 요금은 169원~250원(차지비 회원)으로 가변적이다.

(3) 이브이 플러그 (evPlug)

이브이플러그, 이브이웨어(evWhere) 운영사인 타디스테크놀로지의 전기자동차 충전 서비스 브랜드, 1kW당 비용은 170원이다. 아파트와 공공시설, 호텔등지에 완속충전기를 중심으로 설치가 많이 되어있다. 회원카드 혹은 앱으로 결제 가능하며, 비회원의 경우 앱/웹을 통한 신용카드결제가 가능하다.

(4) 지엔텔 (GnTel, Gcharger)

완속 충전기를 주로 설치하는 사업자로, 회원/비회원 모두 앱을 통해서만 결제가능하다. 세계최초로 QR코드를 이용한 앱결제 서비스를 시작한 서비스회사이다. 전용앱을 통해서 충전기를 사용할 수 있고, kW당 평균 64원으로 상당히 낮은 편이다. 방식은 충전기 앱을 통해서 충전기를 찾고, 충전기 번호를 직접 입력하거나 QR코드를 촬영함으로써 충전기를 인식 결제하는 방식이다.

(5) 에버온 (Everon)

카쉐어링 업체로 시작, 현재는 충전서비스만 진행하고 있다. 주로 아파트 부분공용 충전기 설치에 집중했고, 카드를 이용한 가장 기본적인 충전서비스를 진행하고 있다. 완속충전사업자로 주로 인천,경기,부산지역에 많이 서비스 설치되었다. (제주지역은 없다.) 완속충전기가 7핀과 5핀을 충전케이블을 같이 지원한다. (동시에 사용할 수 없다.) 1KW당 요금은 시간대별, 계절별 차이가 있어, 회원의 경우 여름철이 완속 충전요금이 최소 57원에서 232원으로 편차가 가장 크다. 급속은 173.8원으로 환경부와 동일하다.

(6) 대영채비 (Chaevi)

충전기제조와 충전서비스를 같이 제공하는 회사, 현재 환경부 공공급속 충전기 사업에 최대 공급 업체로 , 현대자동차의 충전기 제조사로도 등록되어 있다. 완속 충전 사업 보다는 급속 충전기 공공 입찰사업을 많이 진행하였다. GS25등 사업장에 급속충전기에 많이 설치하고 있다. GS25 편의점에 급속충전기는 대영채비 급속충전기이다. 다만 일반 공용 충전기 설치 실적은 그리 높지 않아 일반 충전기가 그리 많지 않다. 1kW당 요금은 173.8원으로, 회원카드 뿐만 아니라, 채비 앱을 통해서 충전기 사용할 수 있다. 앱을

통한 예약/결제가 가능하다.

(7) 제주전기차서비스 (JEVS)

제주전기자동차서비스와 에스트레픽의 컨소시엄, 제주전기자동차는 제주를 중심으로 완속충전기 사업을 진행하고 있고, 내륙에는 강원도 등 일부지역에 서비스를 하고 있다. 1kW당 요금은 회원의 경우 159.8원으로 환경부보다 조금 낮다. 제주도청 충전기 이용시, 가장 낮은 요금 (159.8원)으로 충전가능하다.

(8) 에스트래픽 (Sscharger)

제주전기자동차서비스와 컨소시엄, 이마트 등 급속충전기 설치 운영사업에 집중하고 있다. 1kW당 요금이 가장 높은 서비스로 20kW/50kW/100kW 충전기에 각각 다른 요금제를 적용하고 있으며, 1kW당 요금이 회원과 비회원간에 격차가 크다. 특히 50KW 이하의 요금 (20/50KW) 대비 100KW 급의 경우는 2배의 가격 차이를 보인다.

(9) 파워큐브 (PowerCube)

이동형 충전기 별정 사업자 였다가 완속충전기 제조 및 충전서비스 회사로 진출하였다. 2019년도 최다 완속충전기 충전기 설치 사업자이다. 1kW당 완속충전 요금은 모든 사업자중에서 가장낮은 61.7원이다.

(10) 한전 (KEPCO)

산업자원부의 전기자동차 충전 인프라 보급사업의 일환으로 한국전력에서 설치한 충전기이다. 운영은 한전의 자회사인 KDN과 한국전기자동차 충전서비스가 맡고 있다. 주로 한국전력 지사나 아파트, 소방서나 공항, 공용주차장등에 급속위주로 설치/서비스를 하고 있다.

(11) 환경부 환경협회, 환경공단

공공충전기 설치 사업으로 환경부에서 자체적으로 고속도로 휴게소나 공용 주차장, 공공건물등에 급속과 완속 설치 사업을 진행해서 서비스하고 있다. 설치는 환경공단이 진행을 했고, 운영관리는 환경공단 산하 자동차 환경협회가 진행하고 있다. 초기에는 급속과 완속 충전기를 모두 설치했으나, 최근에는 급속충전기를 중심으로 설치하고 있다. 대부분 고속도로와 공공 건물 (도서관, 관공서등)에 설치했다.

2. 충전기

충전기란 전기차 배터리에 전력을 공급하는 전기설비로, 차량 외부에 설치되는 전기차 공급장치(EVSE)를 가리킨다. 일반적으로 전기차 충전기는 완속 충전기와 급속 충전기로 구분된다. 완속 충전기는 교류(AC) 전원을 이용하여 비교적 낮은 전력으로 오랜 시간에 걸쳐 충전하는 방식이며, 주로 주차장이나 가정용 충전기 등 장시간 주차 시 사용된다. 완속 충전은 차량 내부의 온보드 차저가 교류 전력을 직류로 변환하여 배터리를 충전하며, 보통 7kW에서 22kW 정도의 출력이 일반적이다. 반면 급속 충전기는 고출력의 직류(DC)를 차량 배터리에 직접 공급함으로써 짧은 시간 안에 충전을 완료할 수 있는 설비다. 급속 충전은 수십 kW에서 수백 kW에 이르는 출력으로 전력을 공급하며, 차량 외부의 충전기에서 교류를 직류로 변환하여 배터리에 전달하기 때문에 차량의 온보드 차저 용량에 제약받지 않는다.

충전기는 설치 장소와 용도에 따라 다양한 형태로 개발되고 있다. 가정이나 직장의 개인용 충전기(벽걸이형, 이동형 완속 충전기), 상업시설이나 공영주차장용 공용 충전기, 고속도로 휴게소용 고출력 충전기 등으로 구분된다. 최근에는 한번에 여러 대의 차량을 효율적으로 충전할 수 있는 멀티 충전기나, 충전기와 에너지저장장치(ESS)를 결합하여 전력 피크 관리와 비상 전원을 제공하는 융합형 충전 설비도 등장하고 있다. 또한 지멘스, 와이어리스웨이 등 일부 기업들은 무선 충전 기술을 개발하여 주차면 바닥에 매설된 패드를 통해 차량을 비접촉으로 충전하는 솔루션도 시범 운용 중이다. 다만 무선 충전은 효율과 표준화 이슈로 아직 상용화 단계에 머물러 있다.

전기차 충전기는 기술 발전에 따라 충전 속도가 꾸준히 개선되고 있다. 과거 50kW급이던 급속 충전기는 이제 150kW, 200kW를 넘어 350~400kW급 초급속 충전기가 실용화되었다. 이론적으로 충전 출력이 높을수록 짧은 시간에 많은 에너지를 전달할 수 있어 충전 소요 시간을 줄일 수 있다. 예컨대 350kW 초급속 충전기를 지원하는 차량의 경우 5분 충전으로 약 100km 이상의 주행거리를 확보하는 수준까지 도달하고 있다. 향후 수년 내로 500kW 이상의 출력도 현실화될 전망이며, 더 많은 전력을 안전하게 전달하기 위한 냉각 케이블 기술, 고전압 배터리(800V~1000V급) 등이 함께 발전하고 있다.

충전기는 가정용 전압(220V)를 사용하여 충전하는 완속 충전기와 높은 전압을 가하여 충전시간을 단축시키는 급속 충전기가 사용되고 있다. 충전시간은 충전시 가하는 전압과 전류에 따라 정해지나, 대략적으로 완속은 6시간, 급속은 20~60분 소요된다.

완속 및 급속 충전기

기존 커넥트 충전기의 개선 및 확장과 동시에 무선 충전기 시장도 급속히 활성화되고 있다. 무선 충전기 시장은 2030년까지 3억 3300만달러 규모로 성장할 것으로 예측되고 있다. 무선충전은 주차 또는 주행 중에 충전이 가능한 차세대 충전방식이다. 세계 각국이 기술개발과 실증사업을 추진하고 있는 가운데, 우리나라와 일본이 국제표준을 선점하기 위해 경쟁하고 있다. 국제전기기술위원회(IEC)에서는 우리나라의 표준안 3종과 일본이 제안한 3종 등에 대한 기술논의가 진행 중이다.

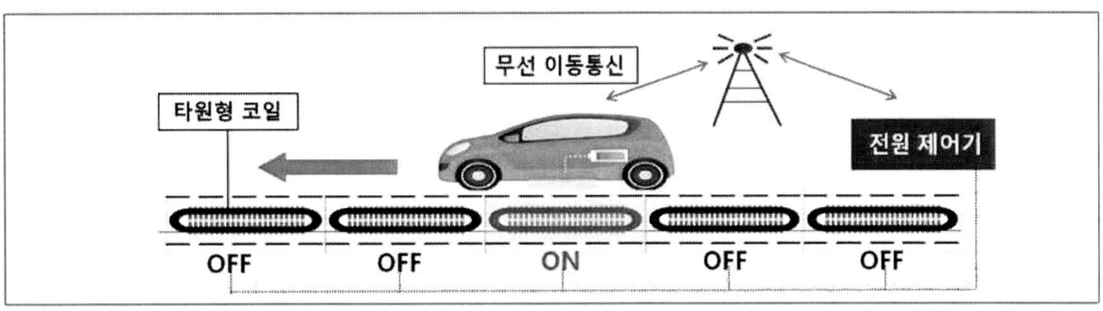

주행 중 무선충전 이미지 (출처: 전기에너지뉴스)

정차 중 무선충전 기술은 일본이 2017년부터 2019년까지 3종의 표준안을 제안하면서 국제표준화를 주도해 왔지만 출력 11kW 이하의 무선충전에 대해서만 규정하고 있어 기술 성장에 한계가 있다는 평가다. 11kW는 아파트에 설치된 완속 유선충전기(7kW)와 유사한 수준이다.[4)]

무선 충전기 시장의 성장 요인으로는 전기차 생산과 구입 증가, 스마트시티 기술에 대한 투자 증가, 정부의 금전적 인센티브 등이 있다. 시장 정유율과 성장률은 유럽이 점유할 것으로 예측되는 가운데, 무선 충전시장의 리더로는 콘티넨탈, 에릭 와이어리스, 에버트런, 헬라, 히보, 모조 모빌리티, 파워매트 테크놀로지스, 퀄컴, 보쉬, 텍사스 인스투루먼트, 도시바, 도요타자동차, 와이트리시티, ZTE 등이 있다.

4) 전기에너지뉴스(http://www.elec-inews.co.kr)

3. 충전 인프라

충전 인프라는 개별 충전기들의 집합과 그것을 뒷받침하는 운영 시스템을 의미한다. 단일한 충전기 설치뿐 아니라, 지역과 국가 단위로 충전망(charging network)을 구축하는 것이 중요하다. 여기에는 적절한 장소 선정을 통한 충전소 설치 전략, 전력망 증설 및 관리, 충전기 가동 상태 모니터링, 소프트웨어 업데이트, 그리고 결제 및 인증 시스템까지 포함된다.

먼저 충전소 입지 측면에서는, 도심과 주거지역에는 완속 또는 중속 충전기를 촘촘히 설치해 전기차 이용자가 일상적으로 편하게 충전할 수 있도록 하고, 고속도로와 간선도로 휴게소에는 고출력 급속 충전기를 배치해 장거리 여행 시 충전 공백을 메우는 형태로 발전하고 있다. 이러한 충전소 망 포식은 주유소 망을 구축하던 전략과 유사하면서도, 전기차는 가정·직장에서의 주차 중 충전이 가능하다는 차이가 있어 분산형 인프라라는 특징이 있다.

충전 인프라 운영을 위해서는 관제 시스템과 디지털 플랫폼도 핵심이다. 충전사업자는 모든 충전기의 실시간 상태를 모니터링하고 원격으로 제어할 수 있는 관제시스템을 갖춘다. 이상 발생 시 빠르게 조치하고, 이용 패턴을 분석해 설비 증설이나 유지보수 일정을 최적화한다. 또한 사용자들은 스마트폰 앱이나 차량 내비게이션을 통해 인근 충전소의 위치, 사용 가능 여부, 요금 정보를 확인하고 결제를 할 수 있다. 이러한 정보통신기술(ICT)의 접목으로 충전 인프라는 지능형 서비스화되고 있다. 아울러 서로 다른 충전사업자 간 호환 서비스도 충전 인프라의 중요한 부분인데, 이를 위해 정부와 업계는 공동 로밍 시스템, 통합결제수단 등을 도입하여 운전자가 회원 카드 하나로 여러 업체의 충전기를 쓸 수 있도록 하고 있다.

전력 인프라도 충전망의 한 요소다. 대규모 충전소나 초급속 충전기는 순식간에 큰 전력 부하를 요구하므로 배전망의 용량 증설이 필요하다. 부하관리 기술을 통해 한정된 전력으로 여러 대를 효율적으로 충전하는 전력 분산 관리도 중요하다. 더 나아가 재생에너지와 연계한 친환경 전력 공급, 전기차를 에너지저장수단으로 활용(V2G, Vehicle-to-Grid)하는 실증도 진행 중이다. 이런 통합적인 접근으로 충전 인프라는 미래 스마트그리드의 한 축으로 자리매김하고 있다.

전기 자동차 보급을 활성화하기 위해 운전자가 안심하고 편리하고 부담없이 언제 어디서나 충전을 가능하게 하는 인프라를 말한다. 충전소의 설치뿐 만 아니라 충전 장소를 알려주는 시스템으로 충전방법의 표준화(전압, 플러그 모양, 충전기와 배터리간의 정보통신 등)등, 충전 관련 모든 인프라가 충전 인프라라고 할 수 있다.

기타 배터리 리스 방식에 관련, 배터리 리사이클 시스템, 주행시 보행자 위험 경감 방안 등 전기 자동차 보급을 위한 물리적, 제도적 다양한 인프라를 포함하고 있다. 전기자동차의 활성화를 위한 충전 인프라는 개별 산업 및 개별 업체의 구축이 아닌 차세대 전력망 즉, 스마트 그리드의 국가 로드맵에 의해 구축되고 있다.

국가 스마트그리드내 충전인프라 개념도

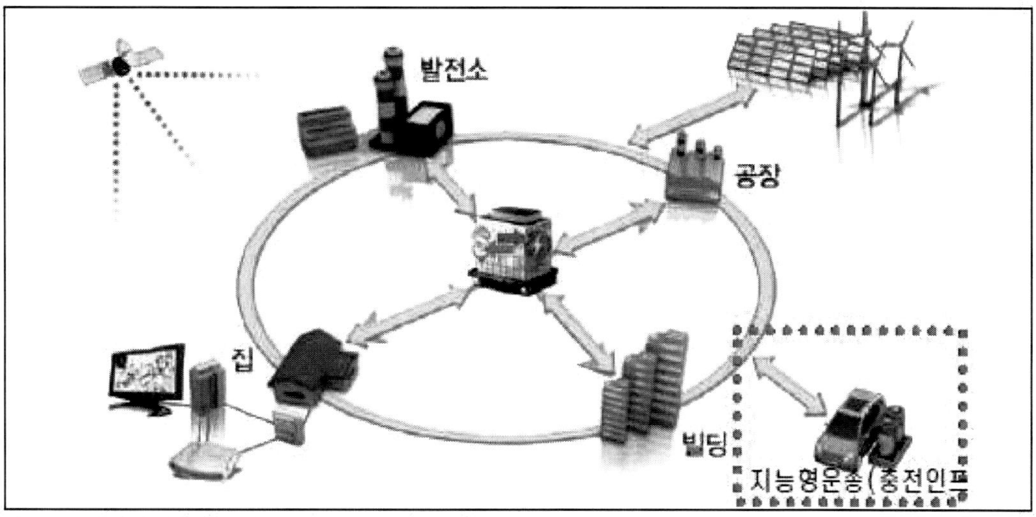

국가스마트그리드내 충전인프라 개념도

여기서 스마트 그리드란 기존의 전력망(Grid)에 ICT(Information & Communication Techonology: 정보통신 기술) 기술을 접목하여 공급자와 소비자가 양방향으로 실시간 전력정보를 교환함으로써 에너지 효율을 최적화하는 차세대 전력망이다. “스마트 그리드 로드맵”에서 정부는 “스마트 그리드 구축을 통한 저탄소 녹색성장기반 조성”을 정책 비전으로 정하고, 지능형 전력망, 지능형 소비자, 지능형 운송, 지능형신재생, 지능형 전력 서비스등 5대추진 분야를 선정하였다.[5] 이중, 지능형 운송 분야(전국 단위 충전 인프라 구축)가 전기 자동차의 충전 인프라와 직접적으로 관련된 분야이다.

4. 국가별 전기차 트렌드[6]

1) 한국

한국의 전기자동차 보급은 2020년대 중반에 들어 급속도로 확산되고 있다. 2023년 국내 전기차 판매량은 약 15~20만 대 수준으로 처음 연간 10만 대를 넘긴 2021년에 비

5) 지식 경제부 “ 스마트 그리드 국가 로드맵, 2010, 1.25
6) 프로스트앤설리번(Frost & Sullivan). 2020.05.

해 크게 증가했다. 국산 브랜드인 현대자동차와 기아의 신형 전기차(아이오닉5·6, EV6·EV9 등)가 인기를 끌고 보조금 지원에 힘입어 내수 시장에서도 전기차 점유율이 빠르게 높아지는 추세다. 2025년에는 신차 판매 중 전기차 비중이 두 자릿수 %를 확실히 넘어서고, 2030년엔 30% 이상에 이를 것이라는 전망이 나오고 있다. 정부는 친환경차 보급 목표를 설정해 2025년까지 누적 전기차 100만 대 보급을 추진하고 있으며, 지방자치단체와 협력하여 충전 인프라 구축에도 예산을 투입하고 있다.

한국 시장의 특징 중 하나는 소비자들의 기술 수용도가 높아 전기차 신모델의 초기 수요가 빠르게 발생한다는 점이다. 아이오닉, EV 시리즈 등 국내 출시 모델은 사전계약이 조기 마감될 정도로 관심을 모았다. 또한 아파트 주차장 환경에 적합한 완속 충전 솔루션 수요가 높아, 이동형 충전기나 과금형 콘센트와 같은 한국형 충전 방식이 발달했다. 정부는 공동주택에 완속 충전기 설치를 의무화하고 보조금을 지원함으로써 거주지 충전 접근성을 높이고 있다. 다만 급증하는 전기차 수에 비해 한정적인 충전 면수, 그리고 일부 지역의 전력 공급 용량 부족은 해결해야 할 과제로 지적된다.

2) 미국

미국은 세계 3위권의 전기차 시장으로, 테슬라를 비롯한 여러 신생 EV 기업과 전통 완성차 업체들의 전기차 전환이 활발하다. 2023년 미국의 전기차 신규 등록대수는 약 140만 대를 넘어서 사상 최고치를 기록했고, 신차 판매에서 전기차가 차지하는 비중도 8~9% 수준까지 상승했다. 특히 캘리포니아주 등 친환경 정책이 강한 주를 중심으로 EV 채택이 빠르게 진행되고 있다. 미국 연방정부는 2021년 제정된 인프라 투자법을 통해 전기차 충전소 구축 예산 75억 달러를 책정하고, 주간고속도로를 따라 80km 간격으로 급속 충전기를 설치하는 NEVI 프로그램을 추진 중이다. 또한 2022년 인플레이션감축법(IRA)으로 전기차 생산 및 구매 보조를 확대하여 2026년에는 미국 제조 전기차 출시가 대폭 늘어날 전망이다.

미국 시장에서는 차량 유형 측면에서 대형 픽업트럭과 SUV 전기차가 중요한 위치를 차지한다. 포드의 F-150 라이트닝, GM의 전기 허머(Hummer EV), 리비안(Rivian)의 전기 픽업 등 전통 픽업트럭 세그먼트까지 전기차로 대체하려는 시도가 본격화되었다. 또한 미국은 테슬라의 영향력이 막강하여 2020년대 중반까지도 전기차 판매 점유율 1위는 테슬라의 모델Y, 모델3 등이 차지하고 있다. 이러한 상황에서 포드, GM, 스텔란티스(구 FCA) 등의 전통 완성차사들은 자사 인기 차종의 전기 모델을 속속 출시하거나 개발 중이다. 예를 들어 GM은 실버라도EV, 이쿼녹스EV 등을 예고했고, 포드는 머스탱 마하-E에 이어 SUV, 트럭 라인업을 확장하고 있다. 2026년은 미국 자동차 업계의 전동화 전환이 본격화되는 시기이며, 시장 경쟁도 치열해질 것으로 예상된다.

미국은 자동차공학회(SAE)의 규격에 따라 레벨 1, 2 또는 DC 급속 충전(DC fast) 방식의 전기차 충전기를 인정하고 있다. 레벨1 충전은 120V 교류(AC) 충전 방식으로 1시간 충전으로 2~5마일(3.2~8km)을 주행할 수 있다. 레벨2 충전은 240V 또는 280V 교류(AC) 충전 방식으로 1시간 충전으로 10~20(16~32km)마일을 주행할 수 있으며 미국에서 가장 흔한 충전기의 형태다. DC 급속 충전은 20분의 충전으로 60-80(96~128km) 마일을 주행할 수 있는 급속 충전 방식으로 테슬라의 슈퍼차져(SuperCharger)충전 방식이 여기에 해당한다.

대부분의 플러그인 전기차(PEV) 차량이 레벨1과 레벨2에 공통적으로 사용되는 J1772 충전 포트를 사용하고 있기 때문에, 해당 차량 소유주들은 사정에 맞게 레벨1과 레벨2 충전을 동시에 사용할 수 있다. 하지만 테슬라의 경우 고유한 충전 포트를 사용하므로 미국 전역에서 가장 많이 분포되어있는 레벨2 충전소를 이용할 수 없다. 테슬라는 이러한 단점을 보완하기 위해 레벨2 충전 포트 어댑터를 별도로 판매하고 있다.

미 에너지국에 따르면 현재 사용 중인 상기 3개의 충전 옵션 외에도, 미 전역에서 일반적으로 사용되는 3상 전압(208/120V, 480/277V)을 이용하는 새로운 고효율 AC 충전 방식을 위한 추가 표준(SAE J3068)이 개발 중이다. 또한 미 에너지국은 초고속 충전 네트워크 구현과 관련된 기술 개발을 진행하고 있다.

전기차 충전소 확장 사업은 초기 투자 자본이 많이 드는 특성 때문에 최근에는 차량 제조사들이 직접 충전소 네트워크에 투자하거나, 충전소 기업과 파트너십을 맺는 사례가 많아지고 있다. 최근 포드, 다임러, 폭스바겐 등 완성차 제조사는 독일에 400여개의 고속 충전소를 설치하기 위해 합작회사를 세웠다.

3) 유럽

유럽은 전기차 보급률에서 세계를 선도하는 지역이다. 2023년 유럽연합(EU) 전체의 신차 중 순수 전기차 비중은 15%를 넘었고, 플러그인 하이브리드를 합치면 20% 이상에 달한다. 일부 국가들은 이보다 훨씬 높아, 예컨대 노르웨이는 신규 차량 판매의 80~90%가 전기차일 정도로 앞서가고 있다. 유럽의 빠른 보급은 강력한 환경 규제와 완성차 업체들의 적극적 모델 투입, 그리고 탄탄한 충전 인프라 구축이 뒷받침된 결과다. EU는 2035년까지 내연기관 신차 판매를 금지하기로 결정하여 완전한 전기차 전환을 공식화했다. 이에 따라 독일, 프랑스, 영국 등 주요국의 자동차 제조사들은 2030년 전후로 전기차로의 라인업 전환 계획을 속속 내놓고 있다. 폭스바겐 그룹은 ID 시리즈를 중심으로 대중형 EV를 확대하고 있고, 메르세데스-벤츠, BMW 등도 고급 전기 세단과 SUV를 출시하며 대응하고 있다.

한편, 유럽의 EV 보급은 현금 인센티브를 제공하는 국가보다 세제혜택을 제공하는 노르웨이(점유율 57.2%), 네덜란드(15.2%), 스위스(5.7%) 등의 국가에서 더 높게 나타나고 있다. 인센티브가 6,000유로 이상인 스웨덴(11.6%)이 그 뒤를 잇고 있다. 그 다음은 4,000~5,000유로를 지원하는 영국(3.4%)이다.

독일은 2020년 10월6일 독일 연방 교통·디지털인프라부(BMVI)는 '국가 충전인프라 관리처(Nationale Leitstelle Ladeinfrastruktur)'개소식에서 개인 전기차 충전기 설치 시 연방정부에서 900유로의 보조금을 지원할 것을 밝혔다. 독일자동차산업협회(VDA)의 2019년도 자료에 따르면 전기차 충전기의 설치장소는 단독주택의 차고, 연립주택 및 아파트(다세대 주택)의 주차장, 회사의 주차장 등 대부분(전체 설치 대수의 85%)이 개별공간에 설치 됐으며, 그 외에는 고속도로 휴게소 및 주유소, 쇼핑센터의 주차장, 도로상의 공공주차구역 등 공공 지역(15%)에 설치되었다. 독일연방정부는 전기차 충전인프라 마스터플랜(Masterplan Ladeinfrastriktur)에 독일 내 모든 주유소에 전기차 충전기를 갖추도록 하는 내용을 포함하였다.

체코에서 전기차가 증가하면서 전기차 충전 인프라도 지속적으로 확대되고 있다. 체코 산업부가 발표한 공용 전기차 충전소 현황 자료에 따르면, 2021년 1분기 기준 체코에 700개의 공용 전기차 충전소가 운영되고 있으며, 충전기는 약 710대가 설치된 것으로 파악된다. 대부분의 충전소에서 충전기 연결을 통해 평균 약 2대의 전기차 충전이 가능해 충전포인트는 총 1310개가 운영되는 것으로 나타났다.

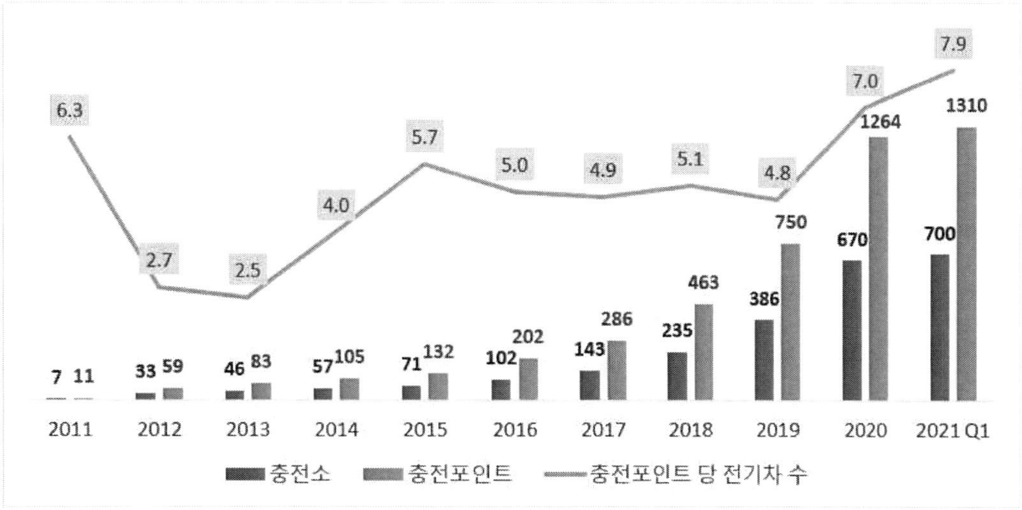

체코 공용 전기차 충전소 및 충전포인트 현황, 출처: 코트라

또한, 충전포인트 1개당 해당되는 전기차 수는 7.9대로 전기차 충전소 수는 2020년에 전년 대비 약 80%로 크게 증가했으나 전기차 신규 구매 증가폭이 더 커 충전포인트 당 전기차 수는 늘어났다. 이에 따라 빠르게 증가하는 전기차 수에 맞춰 충전소 확충 필요

성이 더욱 커지고 있다. 체코 정부는 친환경 모빌리티 국가계획(National Action Plan for Clean Mobility)에 따라 2030년까지 충전소 19,000~ 35,000개 운영을 목표로 인프라 확대를 지원하고 있기 때문에 충전소 확대는 지속될 것으로 전망된다.

영국 전기차 시장을 대상으로 한 2019년 말 실시된 딜로이트의 설문조사에 따르면, 향후 3년 이내 신차구매를 계획하는 소비자의 절반 이상이 전기차 구매를 긍정적으로 고려한 것으로 나타났다. 하지만 정부의 무공해 자동차 지원정책 및 소비자의 긍정적 인식에도 불구하고 배터리 전기차 수용에 있어 영국 소비자는 충전 인프라 부족(33%) 및 주행거리(22%) 등을 우려하는 것으로 나타났다. 이와 같은 전기차에 대한 우려는 이탈리아, 독일, 프랑스 등 주요국에서도 비슷하게 나타났다.

2020년 10월 기준 영국의 전기차 충전소는 1만2,400곳(충전기기 1만9,700개 및 커넥터 3만3,400여 개)이며, 절반 이상의 충전소가 3-4시간 내에 충전이 가능한 7~22kW출력을 제공한다. 영국 정부는 가정 충전기 설치 시 설치비용의 75%, 최대 £350를 지원하고, 직장 충전기 설치 시 소켓당 £500, 최대 20개 소켓까지 지원하고 있다.
독일 및 영국 등 유럽에는 규모가 큰 기업부터 스타트업까지 다양한 형태의 전기차 충전기 제조사가 있으며 이들이 생산하는 충전기에는 IT 기술이 결합된 결제 수단과 계량기, IoT 등 여러 분야의 기술이 융합되어 있다.

유럽 시장의 특징은 다양한 플레이어와 국가별 특성이 혼재한다는 것이다. 독일, 프랑스, 스웨덴 등 전통 자동차 강국에서는 자국 브랜드의 EV 출시가 활발하며, 유럽연합의 통합 정책으로 인프라와 표준이 비교적 정비되어 있다. 반면 동유럽 등 일부 지역은 아직 보급 초기 단계로, 지역 간 격차도 존재한다. 또한 유럽은 중국산 전기차의 진출이 두드러지고 있는 시장이다. 2024년부터 BYD, MG(중국 상하이차가 인수한 영국 브랜드) 등의 전기차가 유럽에 공격적으로 수출되면서 현지 업체들과 경쟁이 본격화되고 있다. 유럽연합은 이에 대응해 탄소발자국 규제 등을 검토하는 등 산업 보호 움직임도 보인다. 전체적으로 2024~2026년 유럽 전기차 시장은 고성장 국면이 지속될 전망이며, 소비자의 친환경 의식과 정책적 드라이브로 전기차 중심의 모빌리티 전환이 가속화될 것으로 보인다.

4) 일본

일본은 닛산, 마쯔다, 그리고 외국 브랜드들이 큰 타격을 받는 등 소형차 판매가 급감했다. 전체 승용차 판매량은 약 430만 대 규모였는데, 표준 세그먼트에서 토요타와 렉서스에 대한 수요가 있는 반면, 다른 모든 OEM은 하락세를 겪었다. EV 판매량도 16% 가까이 감소하였고, 그나마 12V와 24V 마일드 하이브리드가 선전한 정도였다.

일본 소비자들이 최근 전기자동차 구매에 대한 관심이 커지고 있다. 2020년까지 40만 엔이었던 전기자동차 구매 보조금이 2021년부터 최대 80만 엔으로 확대됐기 때문이다. 일본 정부는 지난 2020년 10월, '2050년 탄소 중립'을 선언하며 그 다음 해인 2021년부터 보조금을 두 배로 지원하는 등의 정책을 통해 향후 전기차 시장 확대를 도모하고 있어 일본 국내 소비자와 관련 업계 종사자의 많은 관심을 받고 있다.[7)]

자동차의 전동화를 우선하고 있는 자동차 업계와는 달리, 일본 정부는 전기차의 보급을 위해 NeV(차세대자동차진흥센터)를 설립, 친환경 자동차 구매와 충전 시설 설치에 대해 보조금을 지급하고 있다. 2020년까지는 PHV(Plug-in Hybrid Electric Vehicle)에 대해 최대 20만 엔, 전기차에 대해서는 최대 40만 엔을 지급했다.

일본 정부 지급 전기차 보조금 비교, 출처: Kotra 해외동향뉴스 2021.04.

기관명	보조금	조건
NeV(기존)	42만엔	없음
환경성	80만엔	100% 친환경 에너지 사용
경제산업성	60만엔	V2H 도입

전기차 보급에 핵심적인 역할을 하는 충전 설비에 대해서는 2020년 기준, 구입과 설비 비용을 합쳐 절반에서 최대 전액 보조를 하고 있다. 전기차 충전소 정보 공유 사이트 GoGoEV에 따르면 현재 일본에 설치돼 있는 공용 전기차 충전소는 2021년 3월 기준 전체 21,813개소 중 급속(CHAdeMO)이 7,715개소, 완속(100V/200V)이 13,907개소, 테슬라 충전기가 191개소가 설치돼 있다. 이와 더불어 일반 국도 휴게소 및 고속도로 휴게소, 상업 및 숙박시설, 맨션, 회사 등 거점의 충전소 설치에 보조금을 지원해 부족한 전기차 인프라를 확장하고 있다.

5) 중국

중국은 2019년 전 세계 EV 시장점유율에서 53%를 기록하며 선두를 달렸다. 250 km 미만의 주행거리를 갖는 EV에 대한 보조금이 폐지됐지만 그 외의 NEV 보조금 지원 하에 OEM의 BEV 푸시로 48.3%의 점유율을 마크하며 리더십을 유지할 것으로 전망했다. 2020년 중국 자동차 판매량이 2,531만 대로 집계되었다. 2019년 대비 1.9% 감소 (3년 연속 감소)한 수치이다. 반면 전기차 판매량은 137만 대로 2019년 대비 10.9% 증가한 수치를 보였다. 특히 2020년 12월 판매량은 전년 대비 49.5% 증가했다. 중국 내 전기차 판매 비중은 5.41%로, 전년 4.68% 대비 증가하였고, 중국 정부는 전기차 비중을 2025년까지 25% 로 계획하고 있다. 2021년 전기차 판매량은 40% 증가한 180만 대로

7) 코트라 해외동향뉴스, 탄소중립시대를 향한 일본의 전기차 전략. 2021.04.21.

예상된다.[8]

2014년부터 중국 국가전력망공사(国家电网,State Grid)가 민간자본에 전기차 충전기 시장을 개방하기 시작하면서 자연스럽게 전기차 충전설비 관련 회사들이 대규모로 설립되었다. 기술 진입 장벽이 낮아 제품의 차별화 정도가 거의 없어 현재 중국 내 전기차 충전설비 관련 기업 수만 300개를 돌파했고, 공급업체 수는 더 많은 것으로 조사되었다.

현재 중국 국내 전기차 충전시설 운영은 초기의 운영업체 주도 모델에서 자동차 업체 주도 모델, 협력(합작) 모델, 크라우드 펀딩 모델, 전기차 시간제 렌털(카셰어링) 모델, 버스 회사 충전기 EPC 모델, 부동산 회사 충전기 EPC 모델 등 다양한 방면으로 확대됐다.[9]

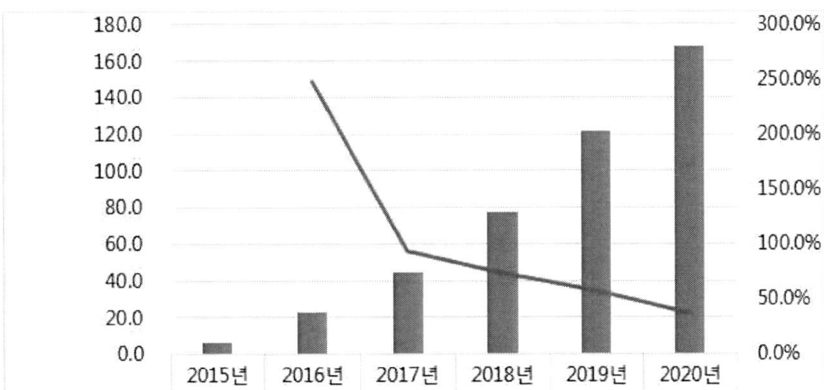

	2015년	2016년	2017년	2018년	2019년	2020년
보유량	6.6	23.0	44.6	77.7	121.9	168.1
증가속도		248.5%	93.9%	74.2%	56.9%	37.9%

2015~2020년 중국 전기차 충전기 보유량 (단위: 만 대, %)

5. 주요 업체별 전기차 개발 현황[10]

(1) 기존 완성차 업체

전통 완성차 업체들도 공격적으로 EV 전환에 나섰다. 제너럴 모터스(GM)는 "얼티엄(Ultium)"이라는 배터리 플랫폼을 개발하여 캐딜락 리릭(Lyriq) 전기 SUV, GMC 허머 EV, 쉐보레 실버라도 EV 등 다양한 차종을 선보이고 있다. GM은 2035년까지 승용 라인업을 모두 전기차로 전환하겠다고 선언한 상태다. 포드(Ford) 역시 머스탱 마하-E(Mustang Mach-E) 전기 크로스오버를 성공적으로 출시한 데 이어, F-150 라이트닝 전기 픽업트럭을 양산 중이며 전기 밴, SUV 등으로 확대하고 있다. 스텔란티스

8) 2020년 중국 전기차 판매 현황, 작성자 우리부부
9) 코트라 해외동향뉴스, 중국 신에너지 차량 충전기 시장동향. 2021.04.16
10) 매경뉴스, https://www.mk.co.kr/news/culture/view/2021/03/289653/

(Stellantis) 그룹(크라이슬러, 지프, 피아트, 푸조 등의 연합)은 비교적 대응이 늦었으나 2024년부터 지프 EV, 픽업 EV 등을 출시하며 본격 합류 예정이다. 이처럼 미국의 주요 자동차 회사들은 미래 경쟁력을 위해 대규모 투자를 단행, 공장을 EV 생산라인으로 개조하거나 신규 배터리 공장 건설 등에 박차를 가하고 있다.

유럽에서는 폭스바겐(VW) 그룹이 전기차 전환을 주도하고 있다. 폭스바겐은 MEB 플랫폼 기반의 ID. 시리즈 (ID.3 해치백, ID.4/ID.5 SUV, ID. Buzz 미니밴 등)를 출시하여 대중 전기차 시장을 공략 중이다. 동시에 아우디, 포르쉐, 스코다, 세아트 등 그룹 내 브랜드들도 각각 전기 모델을 내놓았다. 다만 2023년 현재 폭스바겐 그룹은 소프트웨어 완성도와 생산 차질 등으로 목표 대비 다소 더딘 진행을 보이고 있어, 2024~2025년에 성과를 내는 것이 과제로 지목된다. 메르세데스-벤츠는 EQ 시리즈(EQB, EQE, EQS 등)를 통해 럭셔리 EV 라인업을 구축했고, 2030년까지 전 차종 전기화 전략을 밝힌 바 있다. BMW는 i4, iX, i7 등 내연 모델 기반 전기차를 선보이는 한편, 2025년부터 차세대 전용 플랫폼 "노이에 클라세(Neue Klasse)"를 적용한 신모델을 출시할 계획이다.

메르세데스-벤츠도 친환경차 정책인 '앰비션(Ambition) 2039'를 공개하고 "향후 20년 내에 모든 차량을 친환경차로 바꾸겠다."고 공언했다. 2039년까지 생산차량의 절반 이상을 전기차와 하이브리드, 수소차 등 친환경차로 생산할 계획이다. 최근 새로운 전기차 'C40 리차지'를 공개한 볼보는 2025년까지 전 세계 판매의 50%를 순수전기차로 전환하고 나머지 모델을 하이브리드차로 대체할 예정이다. 2030년에는 모든 판매 차종을 순수전기차로 전환할 계획이다. 볼보는 전기차를 온라인에서만 판매한다는 전략도 공개했다. 일본의 도요타도 올해 전기차 전용 'e-TNGA' 플랫폼을 기반으로 6종의 순수전기차를 선보인다. 2025년부터 내연기관차 생산을 중단하겠다고 선언하기도 했다. 미국의 제너럴모터스(GM)는 전기차와 자율주행 기술에 200억달러를 투자해 2025년까지 30여 종의 새 전기차를 내놓을 계획이다. 프리미엄 브랜드인 캐딜락의 100% 전기차 전환 계획을 2030년에서 2025년으로 앞당겼다. 포드도 2022년까지 전기차에 115억달러 이상을 투자한다.

전기차 비중을 높이는 완성차 브랜드도 늘고 있다. 현대차그룹은 이미 전기차 전용 플랫폼 'e-GMP'가 탑재된 현대차의 '아이오닉5'를 출시했고, 기아의 'EV6'를 공개했다. 현대차그룹은 이를 기반으로 2025년까지 전기차 모델을 29종으로 늘린다는 계획이다. 푸조와 시트로엥을 생산하는 프랑스의 PSA그룹은 지난해 전 차종의 약 50%를 전기차로 구성하기로 했다. 인도의 타타그룹 계열사인 재규어랜드로버도 모든 차종에 전기차 모델을 갖추기로 했다.

(2) 글로벌 IT 기업과 완성차 업체 연합

애플을 비롯해 폭스콘, 마그나, 소니, 바이두 등의 글로벌 IT기업들과 완성차업체들의 연합도 전기차 시장 재편에 새로운 구도가 되고 있다. 지난해 말 국내 자동차 시장에 파장을 일으킨 소식 중 하나는 LG전자와 세계 3위 자동차 부품업체 마그나 인터내셔널(Magna International Inc. 이하 마그나)이 전기차 파워트레인(동력전달장치) 분야 합작법인 '엘지 마그나 이파워트레인(LG Magna e-Powertrain Co.,Ltd)'을 설립한다는 내용이었다. 모빌리티 기술(Mobility Technology) 회사인 마그나는 1957년에 설립됐다. 세계 최대 자동차 부품사 중 하나로 지난해 매출액 기준 글로벌 시장 3위 업체다. 동력전달장치 외에 섀시와 내·외장 등 다양한 자동차 부품을 생산해 완성차 업체에 공급하고 있다. 풍부한 사업 경험은 물론 글로벌 고객 네트워크와 동력전달장치 분야의 통합 시스템 설계, 검증 등 엔지니어링 역량도 보유하고 있다는 평가다. LG전자는 전기차 동력전달장치의 핵심 부품인 모터와 인버터 등에 대한 기술과 제조 경쟁력을 갖추고 있다. LG전자와 마그나는 친환경차와 전동화 부품 시장이 빠르게 성장하고 있는 상황에 서로 최상의 시너지를 기대하고 있다. 특히 양사의 합작사가 애플 등 전기차 사업에 뛰어드는 신규 고객사 수주에 한발 앞설 것이란 기대감도 커지고 있다.

중국 최대 검색업체 바이두도 자국의 완성차 업체 지리차와 전기차 사업에 나선다고 공식발표했다. 바이두가 IT기술을 제공하고 지리차의 EV전용 플랫폼과 공장시설을 이용하는 일종의 위탁생산 방식이다. 중국 최대 전자상거래 플랫폼인 알리바바도 상하이차, 상하이시 푸둥신구 정부와 함께 전기차 제조사인 즈지자동차를 설립했다.

(3) 전기차 생산 업체

미국 전기차 분야에서는 단연 테슬라(Tesla)가 시장을 선도하고 있다. 테슬라는 모델 S(세단), 모델 3(보급형 세단), 모델 X(SUV), 모델 Y(SUV)에 이르기까지 다양한 전기차 라인업을 구축했으며, 2023년 전 세계 전기차 판매 1위를 기록했다. 배터리 성능과 소프트웨어 기술에서 앞선 모습을 보이며, 독자적인 자율주행 기술 개발과 충전 네트워크(슈퍼차저) 구축으로 생태계 구축 전략을 취하고 있다. 그 외에도 루시드 모터스(Lucid)는 고성능 럭셔리 세단인 에어(Air)를 출시하며 주목받았고, 리비안(Rivian)은 픽업트럭 R1T와 SUV R1S로 시장에 진입했다. 이들 신생 EV 기업은 아직 생산 대수는 테슬라에 미치지 못하지만 기술 혁신과 틈새 시장 공략으로 존재감을 키우고 있다.

시장점유율은 자율주행 데이터 수집과도 밀접한 연관이 있다. 자율주행의 정확도를 높이려면 다량의 데이터가 필수적이다. 테슬라는 '오토파일럿(ADAS, 운전보조시스템)' 소프트웨어를 통해 압도적인 양의 도로 주행 데이터를 축적하고 있다. 높은 시장점유율을 기반으로 축적하는 실도로 주행 데이터는 경쟁사가 쉽게 쫓아가기 어려운 부분이다.

현재 베타 테스트 중인 자율주행 소프트웨어 'FSD'도 올해 말 출시할 예정이다. FSD가

출시되면 그동안 이연(移延) 수익으로 처리했던 서비스 매출이 실제 실적에 반영돼 수익성 개선에도 도움이 된다. 테슬라는 올해 베를린과 텍사스 2개 공장에서 모델 Y 생산을 시작한다. 테슬라는 "향후 수년간 차량 인도량이 연평균 50% 성장할 수 있을 것으로 기대한다"고 밝혔다.[11]

6. 충전기/충전 인프라의 업체별 개별 현황

1) 전기차 충전기 기술개발 현황

충전기는 충전 출력에 따라 급속, 완속으로 구분하고 국가별로 표준 및 유형은 상이한 상황이다. 국가마다 사용되는 소켓과 커넥터가 차이가 있으나, 급속충전의 경우 유럽과 미국에서 CCS 방식을 표준으로 채택하여 주목받고 있다. 우리나라는 공공 급속충전기를 CCS 방식으로 통일하여 구축하고 있다.

일본은 차데모 방식 고수, 테슬라는 기술 공개를 통해 자사 충전기의 국제표준화를 시도하였으나, 경쟁 관계인 자동차 제조사와 충전기 제조사가 채택하지 않아 무산되었다.

<table>
<tr><th colspan="2" rowspan="2"></th><th rowspan="2">전류</th><th rowspan="2">출력</th><th colspan="4">국가별 타입</th></tr>
<tr><th>중국</th><th>유럽</th><th>일본</th><th>미국</th></tr>
<tr><td rowspan="3">완속</td><td>level 1</td><td>AC</td><td>≤3.7kW</td><td colspan="3">개인 홈충전기(공공충전기에 미적용)</td><td>Type1</td></tr>
<tr><td>level 2</td><td>AC</td><td>〉3.7kW
≤22kW</td><td>AC</td><td>Type2</td><td>Type2</td><td>Type1</td></tr>
<tr><td>level 2</td><td>AC</td><td>≤22kW</td><td colspan="4">Tesla 커넥터</td></tr>
<tr><td rowspan="3">급속</td><td>level 3</td><td>AC,
3상</td><td>〉22kW
≤43.5kW</td><td>-</td><td>Type2</td><td>-</td><td></td></tr>
<tr><td>level 3</td><td>DC</td><td>〈200kW</td><td>DC</td><td>CCS Combo 2</td><td>차데모</td><td>CCS Combo 1</td></tr>
<tr><td>level 3</td><td>DC</td><td>〈150kW</td><td colspan="4">Tesla, 차데모 커넥터</td></tr>
</table>

국가별 충전기 형태 비교 (출처: IEA, Global EV Outlook 2017)

전기차 배터리 용량 증가와 소비자의 짧은 충전시간 선호도 상승으로 급속충전기의 충전용량이 급증할 것으로 예상되며, 기술 개발로 전기차 배터리의 용량 당 가격이 하락하면서, 배터리가 대형화되어 급속 충전기 용량도 증가할 것으로 예상된다. 현재 공공 급속충전기용량은 50kW 위주이나, 기술 개발로 최대 350kW까지 확대가 예상된다.[12]

11) 신동아, 테슬라 애플의 전기차 빅뱅 https://shindonga.donga.com/3/all/13/2429404/1
12) 한전경제경영연구원, 전력경제 REVIEW 2018.

2) 충전 인프라 비즈니스 트렌드

(1) 사업자 분류

전기차 충전 사업은 충전 서비스 운영자, E-mobility 서비스 제공자, 시장 운영자로 분류 가능하다.

① 충전서비스 운영자는 CSO(Charging Service Operator) 충전소를 구성하고, 충전 설비 유지, 충전 서비스를 제공하고, 과금 사업 전반을 수행한다.

② E-mobility 서비스 제공자, EMSP(Electro Mobility Service Provider)은 고객 대상으로 E-mobility 서비스 사업 운영한다. 직접 충전소 소유하지 않고 충전소 네트워크를 운영하는 형태로 고객과의 접점에 있는 사업자로, 고객 충전 정보 데이터를 확보하는 것이 가능하다. 충전소 소유자는 EMSP에게 충전소 운영을 위탁, EMSP에게 네트워크 사용료 지불한다.

③ 시장 운영자 MO(Marketplace operator)는 위해 다수의 CSO, EMSP 간 계약 체결, 제휴된 충전 설비간 운영을 중재하는 ICT 인터페이스 구축을 담당한다. 충전사업자 간 상위 시스템을 운영·관리하는 B2B 마켓플레이스 운영자로 개별 전기차 충전 사업자는 마켓플레이스 운영자와 계약 체결로 전기차 충전 네트워크 확보하고 있어야하는데, 최근 전기차 제조사, 운영 사업자, 서비스 제공자 등간의 컨소시엄 형태의 마켓 플레이스 운영 업체가 등장하였고, 컨소시엄 간 로밍을 위한 시스템 구축하고 있는 실정이다.[13]

컨소시엄	컨소시엄 전기차 충전 사업자/ 신 서비스 사업자	유틸리티	자동차/충전기 제조사
GIREVE (프랑스)	Vinvi Energies, Bouygues Energy Services	Engie, EDF	Renault, Bollore(물류)
ROEV (미국)	Charge Point, SemaConnect, CarCharging/Blink	NRG Evgo, Edp(Efacec)	BMW 북미 법인, Honda, Nissan, Audi

전기차 충전 컨소시엄 사례,
출처: Carlos Madina 외, Methodology for Assessing Electric Vehicle Charging Infrastructure Business Models, '16

13) 한전경제경영연구원, 전력경제 REVIEW 2018.

(2) E-mobility 서비스 사업

전기차 충전기 구축과 운영 중심의 비즈니스에서 E-mobility 서비스 사업으로 확대되고 있는 상황이다. 기존 전기차 충전 사업은 사업성 보다는 국가별 전기차 보급 확산을 위한 정부 주도의 인프라 확산 과정에서 시행되어 왔다. 그러나 글로벌 시장에서, 전기차 보급 증가 속도 보다 공공충전기 보급 증가 속도가 높다. 따라서 인프라 구축 목적에 기반한 사업으로, 단일 충전기 구축·운영 사업으로는 수익성 확보는 곤란하다.

이에 충전 인프라 비즈니스 모델은 충전소 구축, 운영 사업에서 전기차 공유, 충전 데이터 분석, 네트워크 비즈니스 등E-mobility 서비스로 확대되고 있다. 사업자간 컨소시엄, 로밍을 통한 광역 충전소 네트워크 확보와 상호 운영성 제고로 이어지고 있는 상황이다.

3) 전기차 충전 비즈니스 사례 분석

(1) 전기차 제조사

전기차 제조사는 생산, 판매영역 중심에서 전기차 충전 인프라 운영 및 서비스로 영역 확장을 꾀하고 있다. Tesla는 전기차 전문 제조사로, 전기차 제조 및 판매부터 전기 충전 인프라 네트워크 운영까지 비즈니스 영역을 확보하고 있고, 그 외 기존 완성차 업체는 전기차 제조 영역에 집중하고 충전기 표준 주도나, 자사 고객편의를 위한 충전 사업 파트너쉽 등 협력체계 마련하고 있다.

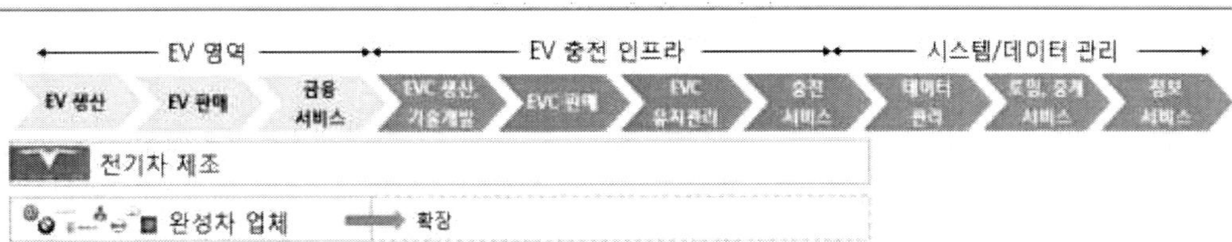

•출처: McKinsey&Company, Electric Vehicles in Europe: Gearing Up For a New Phase?, '14.4

전기차 제조사의 가치사슬, 출처: 한전경제경영연구원, 전력경제 REVIEW 2018.

테슬라는 자사 전기차에 급속 충전서비스를 제공하는 Super Charger Network를 구축, 미국에서 시작하여 유럽, 중국, 일본으로 확대하였다. Tesla S(85kWh) 모델보다 상급 모델은 무료 충전, 60kWh 급 모델은 사용료 $2,000 부과하는 방식으로 차량 판매 가격에 충전 시설 이용료를 일부 포함시켰으나, 충전 인프라 설치 및 유지· 보수 비용을 회수하기에는 부족한 실정이었기어 설치비가 비싼 Super Charger 외에, 마트, 빌딩 등 상업시설에 설치 할 수 있는 완속 AC 충전기 HPWC(High Power Wall Connector) 제조와 보급도 함께 추진하였다. 전기차 및 충전기 제조에 대한 특허를 공개하였고, 전

기차 배터리 판매를 위한 Giga Factory 설립 등 글로벌 전기차 및 에너지 시장의 주도권 확보 시도하였다. 특히 공개로 전기자동차 시장의 볼륨을 확장하는 직접적 목적과 Super Charger 중심의 충전 표준망 확충 또는 독점적인 장기 충전 서비스 제공에 초점을 두었으나, 경쟁관계에 있는 완성차 업체들의 Super Charger 방식 채택은 거의 없는 현실이다.

전기차용 배터리 이외에 가정용, 빌딩용 에너지 저장장치 Power Wall 판매하고 있으며, Solarcity와의 협력 등 전기차 충전과 결합한 에너지 솔루션 영역으로 사업 확대하고 있다.

(2) 기존 자동차 제조사

자동차 제조사는 충전 서비스 사업에 진출하기 보다는 충전사업자, 유틸리티와 파트너쉽을 통해 자사 고객의 충전 편의 제공에 중점을 두고 있다. 유럽시장에서는 유틸리티, 충전 서비스 사업자 간에 파트너쉽을 통해 전기차 충전 네트워크의 상호 운영성 확보를 추진 중이며 표준화를 위한 이니셔티브를 형성하고 있다.

한국과 일본 자동차 제조사는 자국 충전 서비스 전문 기업에 공동 출자, 충전 서비스 사업 참여와 충전네트워크 확보 시도하고 있다.

충전 사업자	출자기업	주요 사업
NCS (Nippon Charg	도쿄전력, 중부전력, 도요타, 닛산, 혼다, 일본 정책 투자 은행	· 소비자가 NCS 회원 가입, 전국 NCS 충전소 사용 · 충전소 구축을 원하는 사업자는 NCS에 가입하여 설치, 운영 지원을 받고, 충전요금은 NCS 기준으로 운영 · NCS는 사업자 수수료와 소비자 회원 가입비 수익
한국전기차 충전	한국전력공사, 현대자동차, KT, 비긴스, SG협동조합	· 가정용, 공용 충전기 구축 사업, 충전기 EPC · 공공기관 충전소 설치 및 운영 서비스 · 회원가입으로 종량제 요금 제공

한국, 일본 충전 서비스 전문기업 현황, 출처: NCS, 한국전기차충전

4) 전력 유틸리티

유틸리티의 전기차 충전 비즈니스는 자체 충전소 설치와 전력판매를 위한 사업으로 시작

하여, 데이터 관리와 정보서비스로 밸류체인을 확대하고 있다. 전기차 보급이 시작된 '00년대 후반부터 신규 전력수요 창출원인 전기차 충전 사업에 참여하였으며, 초기에는 정부지원 공공충전소 보급사업에 참여하였다. 충전소 단일 모델로 수익창출이 어렵고, 충전 사업자가 증가하면서 충전소 네트워크 확보와 분산자원, 스마트홈 등의 다른 신사업과 결합할 수 있는 비즈니스 창출을 시도하고 있다.

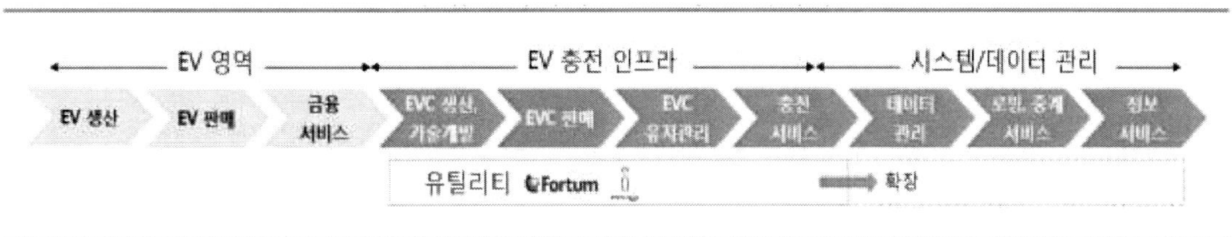

전기차 유틸리티의 충전 사업 가치사슬,
출처: 한전경제경영연구원, 전력경제 REVIEW 2018.

3) 정책 동향

세계는 지금 전기자동차 시장을 주도하고 있는 테슬라를 선두로 각국의 완성차 업체들이 사할을 걸고 이 시장에 뛰어들고 있다. 국내 현대자동차도 2030년 이후에는 내연기관 차량을 생산을 중단한다고 선언했으며, 세계적인 자동차그룹 GM도 2035년에는 내연기관 차량을 제작하지 않겠다고 밝혔다. 자동차 제조업체뿐만이 아니라 애플과 같은 IT업체도 전기차 진출 가능성을 알렸다.[14)]

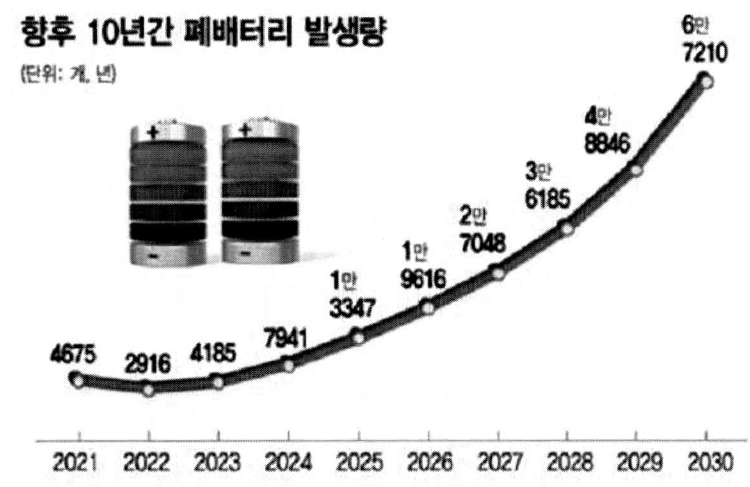

*출처: 전기자동차 폐배터리 활용방안 및 관련 법 제도개선 연구(2019.05 산업부)

향후 10년간 패배터리 발생량

14) 대한민국 정책브리핑(www.korea.kr)

전기차 시장 확대와 함께 '전기차 폐배터리 시장' 역시 높은 성장세를 보이면서 블루오션으로 떠오르고 있다. 환경부와 한국자동차자원순환협회에서 조사한 바에 따르면 전기차 폐배터리는 2020년 1000개에서 2025년이면 1만 3000여개까지 급증하고, 2040년에는 총 누적발생량이 약 245만 개까지 늘어날 것으로 전망했다.

통상적으로 전기차 배터리 사용 기간은 약 5~10년이기 때문에 현 전기차 보급율을 고려하면 사용 후 배터리 재활용 시장은 대략 2025년 이후 본격화 될 것으로 예상된다.

Ⅳ. 전기차 충전기

제주도는 2009년부터 정부지원 전기자동차 시범 사업지역으로 지정, 600여대의 충전기가 운행에 불편함이 없도록 구축되어 있으며, 전기차 구매시 정부 보조금 1,500 만원과 지자체 보조금 800 만원 및 충전기 설치까지 지원하고 있다.[15]

전기자동차 충전소

전기차 충전인프라 구조도

15) KEPCO, 전지자동차 충전 인프라 구축 현황 및 향후 전망, 2014년 5월

1. 전기자동차 충전기(Electric Vehicle Charger, EVC)[16)]

전기자동차 충전기는 전력망과 전기차를 연결하여 배터리에 에너지를 공급하는 장치다. 충전기는 차량 측면의 충전 포트에 케이블을 통해 전원을 전달하고, 충전 중에는 차량 BMS(배터리관리시스템)와 통신하며 안전하고 효율적인 충전을 수행한다. 충전기의 구성 요소로는 전력 변환 장치, 통신 제어장치, 과전류·누전 보호장치, 사용자 인터페이스(화면, 카드판독기 등) 등이 포함된다.

충전기는 크게 완속(저속) 충전기와 급속 충전기로 분류된다. 완속 충전기는 교류(AC) 방식으로 동작하며, 주로 220~240V의 상용전원을 사용한다. 이 경우 전기차 내부에 장착된 온보드 충전기(OBC)가 AC를 DC로 변환하여 배터리를 충전한다. 완속 충전은 일반적으로 3kW(1상 16A)에서 7kW, 11kW, 22kW(3상) 등의 정격을 가지며, 충전 속도가 비교적 느리지만 전력 설비부담이 적고 배터리에 가해지는 스트레스도 낮아 일상적인 충전에 적합하다. 대개 하룻밤(6~8시간) 충전으로 대부분의 승용 전기차 배터리를 80~100%까지 채울 수 있다.

급속 충전기는 직류(DC) 방식으로 동작하여, 충전기 자체에서 AC 전력을 고압 DC로 변환한 후 차량의 배터리에 직접 공급한다. 급속 충전은 완속에 비해 훨씬 높은 출력으로 충전이 가능하여, 수십 분 내에 배터리 용량의 상당 부분을 채울 수 있다. 국제적으로 50kW 출력의 DC 충전기가 2010년대에 표준으로 자리잡았으나, 최근에는 100kW, 200kW, 350kW 등 초급속(Ultra-Fast) 범위까지 등장했다. 다만 차량마다 배터리 관리 및 수율에 따라 수용 가능한 최대 충전전력이 다르므로, 고출력 충전기라고 해도 모든 차량이 최고 속도로 충전되는 것은 아니다. 예를 들어 350kW 충전기라도 차량이 150kW까지 지원하면 실제로는 150kW로 충전된다.

충전 속도는 단순히 충전기 출력 뿐 아니라 배터리의 현충전량(State of Charge), 온도 등의 영향을 받는다. 일반적으로 배터리가 거의 빈 상태에서 충전 시작 시 최고 속도로 충전되다가, 약 80% 수준에 이르면 속도를 줄여 안전을 도모하는 CC-CV(Constant Current - Constant Voltage) 충전곡선을 따른다. 따라서 급속 충전기로도 80% 이후에는 충전 시간이 늘어나게 된다. 충전기 설계 시 이러한 특성을 반영하여 일정 구간까지는 최대 전력 전달, 이후는 단계적 감쇄를 고려한다. 또한 다수의 충전 포트를 가진 급속 충전기의 경우 전력 분배 기능(power sharing)을 통해 동시에 두 대 차량을 충전하되 총 전력 한도를 관리하기도 한다.

---

16) Global Information에서 TechNavio(Infiniti Research Ltd.)의 보고서인 Global Electric Vehicle Charger(EVC) Market 2014-2018를 요약한 내용을 그대로 인용함.

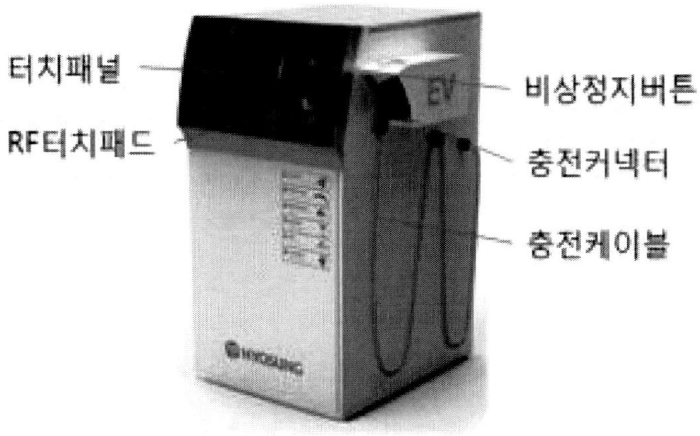

전기자동차 충전기, 출처: 한전 보고서 2014.05.

▌설치유형에 따른 분류

구분	벽부형 충전기	스탠드형 충전기	이동형 충전기
용량	3~7kW	3~7kW	3kW(Max)
충전시간	4~6시간	4~6시간	6~9시간
특징	- 분전함, 기초패드 설치 - U형볼라드, 차량스토퍼, 차선도색(설치 또는 미설치) - 충전기 위치가 외부에 설치되어 눈, 비에 노출될 경우만 케노피 설치		- 220V 콘센트에 간단한 식별장치(RFID태그) 부착하여 충전 - 태그가 부착된 다른 건물에서도 충전 가능
사진	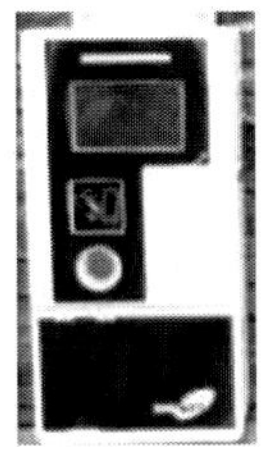		

출처: 환경부 저공해차통합누리집

2. 전기자동차 충전 방식[17)]

전기차 충전기는 전기 자동차 보급의 중요한 요소 중 하나이다. 전기 자동차 충전기는 넓게 보면 전기차 충전 인프라의 구성요소이며 충전하는 방식에 따라 직접 충전방식, 비접촉 충전방식, 배터리 교환방식, 무선 충전 방식 등으로 구분된다. 직접 충전방식은 현재 대부분의 전기차에 적용되는 방식으로 플러그를 통해서 충전되는 방식이며, 배터리

17) 한전 보고서, 2014년, 5월

교환방식은 전기버스 등에 적용되는 방식이다.

1) 직접충전

전기자동차의 충전구와 충전기를 직접 연결하여 전력을 공급하며, 전기자동차 내부에 장착된 배터리를 일정 수준까지 재충전하는 방식으로 충전시간에 따라 완속 충전과 급속 충전으로 구분된다.

(1) 완속충전

충전기에 연결된 케이블을 통해 전기 자동차에 교류(AC) 220 V를 공급하여 전기 자동차의 배터리를 충전하는 방식이다. 차량에 장착된 약 3 kW의 충전기가 인가된 교류 220 V를 직류로 변환하여 배터리를 충전한다. 배터리 용량에 따라 6~10시간 정도 소요되며 약 6~7 kW 전력용량을 가진 충전기가 주로 설치되어 있다.

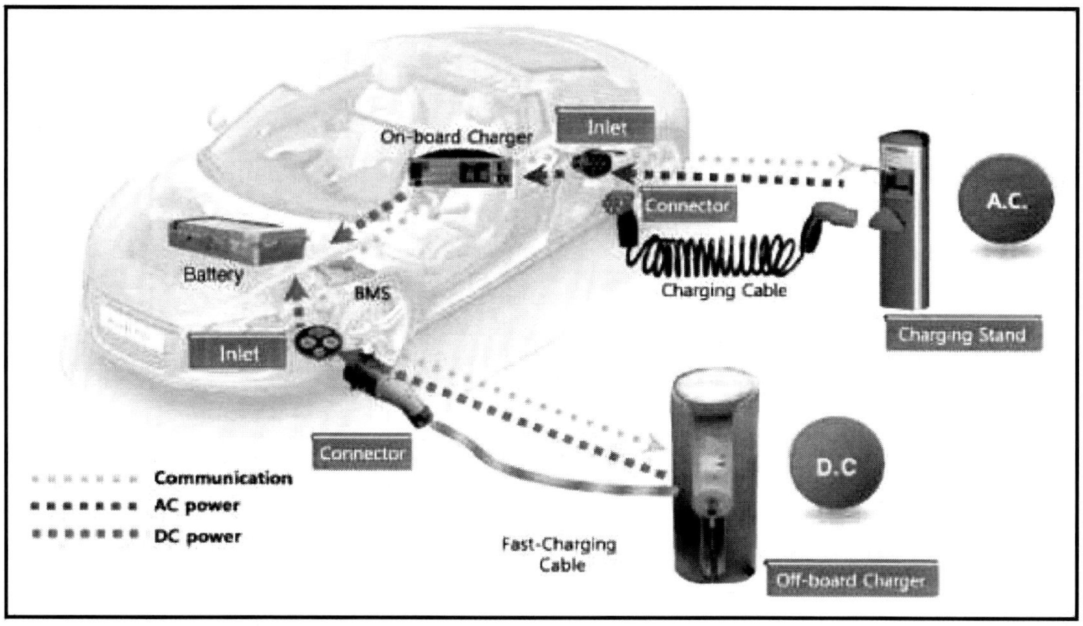

전기자동차 충전 개념도

(2) 급속 충전

충전기가 자동차와 제어신호를 주고받으며 직류(DC) 100~450 V를 가변적으로 공급하여 전기자동차의 배터리를 충전하는 방식으로, 고압·고용량 충전으로 충전시간이 적게 소요되는데 배터리 용량에 따라 15~30분 정도 소요된다. 충전기는 고용량의 직류전력을 공급하여야 하므로 50 kW급이 주로 설치된다. 배터리 용량 25 kW를 기준으로 7-8 시간만에 충전이 되는 보통 충전(Level 2, 교류(AC) 충전) 방식과 30 분 만에 배터리 용

량 80 % 까지 충전되는 급속 충전(직류 DC 충전) 방식이 있다.[18]

구분	완속충전기	급속충전기
용량	7.7kW	50kW
전격전압	입력/출력 1상 220VAC	입력(3상 380VAC)/출력(450VDC)
충전시간	4~6시간	20~30분
설치 예상위치	주거지, 관공서, 공용주차장, 쇼핑몰	주유소, 고속도로 휴게소

직접충전방식 충전기 종류, 출처: 한전 보고서 2014.05

2) 비접촉식 충전

비접촉식 충전방식은 기존의 주차장 바닥하부에 교류를 발생시키는 급전 선로를 자성재료(코어)와 함께 매설하고, 자동차 바닥부에는 지하에서 발생한 교류에 의한 자기장을 받아 유도전류를 발생시켜 에너지를 전달받는 집전 장치가 장착되며, 집전장치에서 발생된 전류는 정류를 거쳐 배터리로 충전이 되는 방식이다.

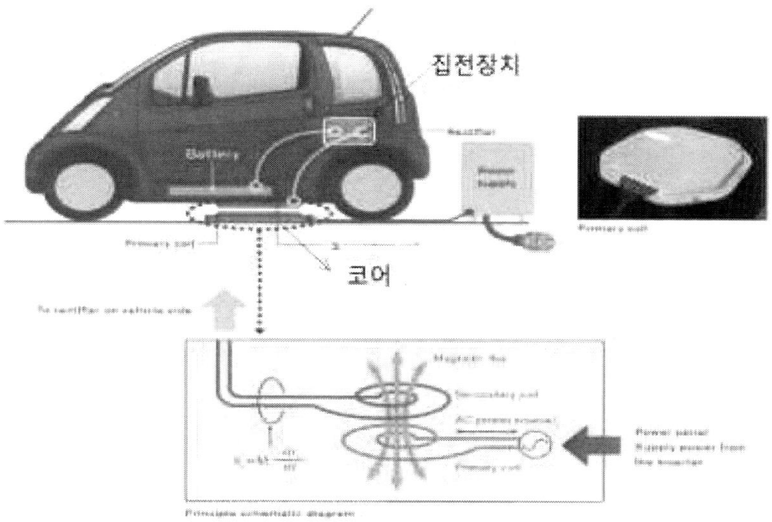

비접촉식 충전방식

전지교환은 충전소 사업자가 부하율이 낮은 시간대의 전력을 활용하여 예비용 배터리를 충전하고, 운전자가 충전소 스테이션에서 전기자동차 배터리를 반자동으로 교환받는 방식이다.

18) 한전 보고서, 2014, 5월

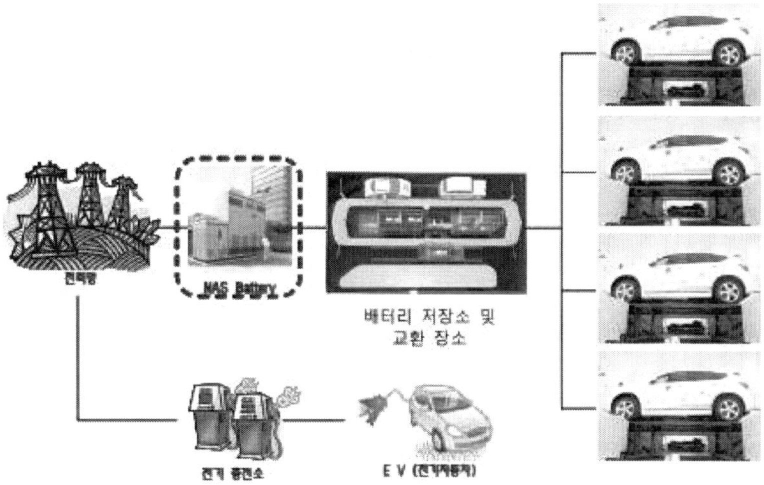

비접촉식 충전방식

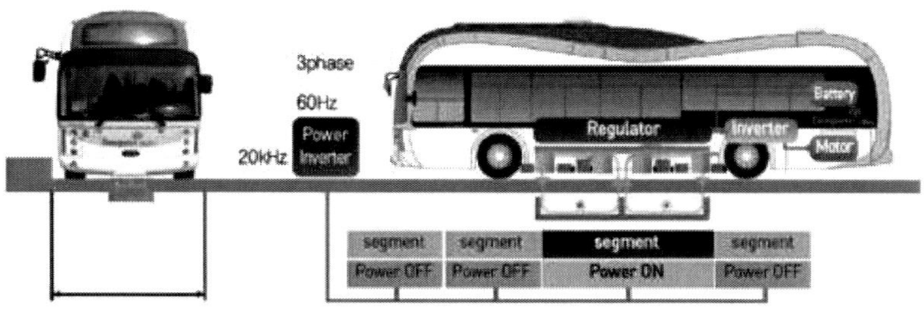

3) 배터리 교환 방식

충전사업자가 부하율이 낮은 시간대의 전력을 활용하여 예비용 배터리를 충전하고, 운전자가 충전소에서 전기 자동차 배터리를 교환받는 방식이다.

배터리 교환방식

4) 무선 충전

전기자동차의 기존 완속, 급속, 휴대용 충전기 형태인 플러그인 충전방식이 아닌 무선 충전방식이다. 이는 자계 커필링에 의한 파워 전달이 가능하여 주차만으로 자동 충전이

가능하다. 또한 스마트폰의 무선 충전방식처럼 자기공명에 의한 무선 충전역시 가능하다. 따라서 충전 케이블을 소지하고 다녀야 하는 전기차 운전자의 불편함을 보완해 주는 주목할 만한 충전 방식이다.

무선충전을 이용한 자동차 충전 : 영국 고속도로

아울러 외부 먼지나 눈 등에 의한 오염이 쉽고, 기온에 따라 뜨겁거나 차가운 플러그를 이용해야 하는 단점을 보완하여 여성이나 노약자가 다루기에 다소 무게감이 있는 플러그의 불편함을 해소해 준다. [19]

현재 국제전기기술위원회(IEC)에선 우리나라가 제안한 3종, 일본이 제안한 3종 등 6종의 국제표준안에 대한 기술논의가 활발하게 진행 중이다.[20]

정차 중 무선 충전 기술은 일본이 3종의 표준안을 제안하면서 국제표준화를 주도해왔지만, 일본의 표준안은 출력 11㎾ 이하의 무선 충전만 규정해 기술 성장에 한계가 있었다. 11kW는 아파트 등에 설치된 완속 유선충전기(7kW)와 유사한 수준의 출력이다. 이에 한국은 지난해 7월 급속충전기 수준의 50kW 이상 고출력 무선 충전 기술에 대한 국제표준안을 IEC에 제안했고, 지난해 12월 국제표준 제정의 첫 관문인 신규작업과제 채택 절차를 마쳤다. 50㎾급 무선 충전이 상용화된다면 약 1시간 만에 배터리 용량의 80%까지 충전할 수 있다. 교차로 등에서 신호대기 중 약 1분간의 충전으로도 4~5㎞ 주행 가능한 전력을 충전할 수 있다. 이날 회의에선 무선충전기 핵심 부품인 코일 구조에 대한 논의 등이 이뤄졌다.

[19] 출처 KEPCO 2015, 5, 27
[20] The science time, 2021.04.

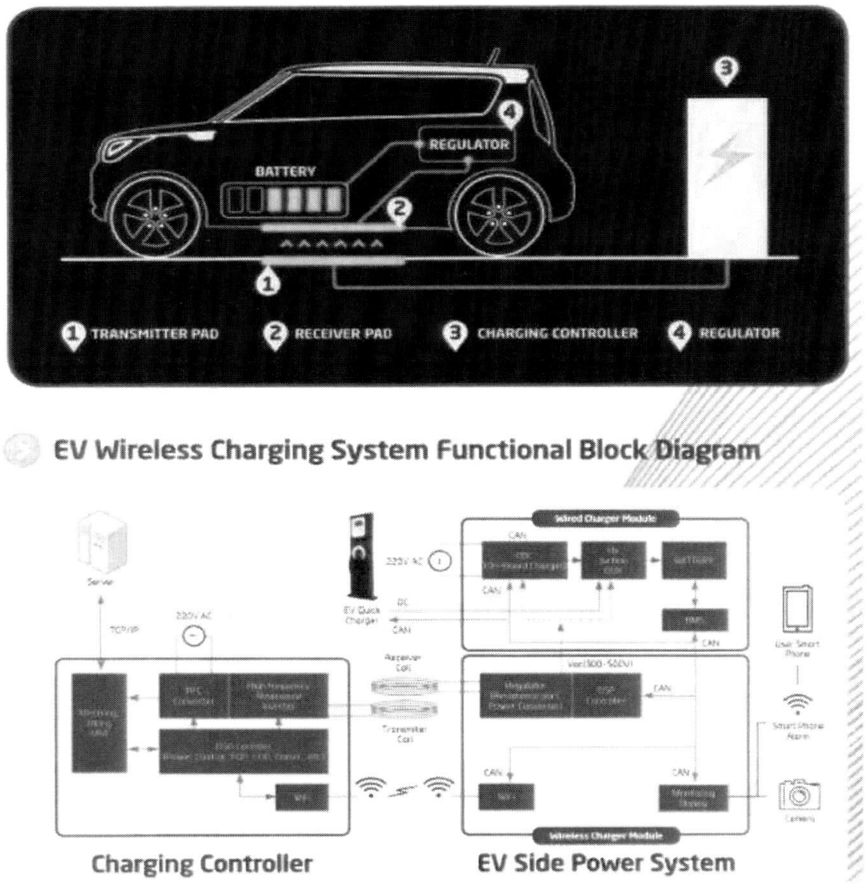

무선전기충전시스템 원리

요즘 떠오르는 새로운 무선충전 기술은 도로에 충전 시스템을 깔아 달리면서 충전하는 방식이다. 도로 아래에 전력을 공급하는 선로를 깔고 전기차 바닥에 전력을 받을 수 있는 집전판을 달아 달리는 중에도 충전할 수 있다. 이미 미국과 중국에서는 이런 도로를 개발 중이다. 이스라엘 텔아비브에서는 2㎞ 도로 중 600m 구간에 무선충전이 가능한 선로를 까는 작업을 진행하고 있다. 사실 무선충전 도로는 우리나라 카이스트에서 2009년 처음 개발했다. 이후 경북 구미에 2013년 세계 처음으로 무선충전 버스 차로가 건설됐지만, 충전 효과가 떨어진다는 이유로 제대로 쓰이지 못하고 있다.

2019년 12월 폴크스바겐은 완전히 새로운 전기차 충전 방식을 선보였다. 스마트폰으로 호출하면 내 차로 달려와 스스로 충전기를 꽂고 충전을 해주는 로봇이다. 이 로봇은 트레일러 같은 이동식 에너지 저장 장치를 가지고 다니면서 충전이 필요한 차에 직접 찾아가 충전을 한다. 출장 세차 서비스처럼 출장 충전 서비스를 해주는 거다. 하지만 이것 역시 아직 아이디어 단계다. 폴크스바겐 관계자는 전기차 충전과 관련해 다양한 방법을 연구하고 있다고 밝혔다.[21]

---

21) 이코노미 조선, 2020.10.

스마트폰 호출 충전 로봇, 출처: 폴크스바겐

3. 충전기 표준

현재 보급되어 있는 전기차 충전방식에는 3가지가 있다. DC 콤보, 차데모, AC3상이다. DC콤보는 독일과 미국에서 처음 고안된 충전방식으로, 현재 현대차와 기아차, GM, BMW에서 제조하는 전기차에 도입된 방식이다. 차데모는 일본에서 시작된 충전방식으로 닛산, 도요타에서 제작되는 차량에 도입되어 있고, AC3상 방식은 프랑스에서 개발되어 르노에서 제작하는 차량에 사용되고 있다.

3가지 방식 모두 급속과 완속 충전이 가능하고, 완전 방전 상태에서 급속 충전을 사용할 경우 80% 충전까지 약 30분이 소요된다. 충전 요금의 경우 급속 충전은 100km 주행당 약 2,700원, 완속 충전은 100km 주행당 약 1,100원이 소요되는 것으로 알려져 있다.[22][23]

(1) 독일, 미국 개발 DC콤보

위아래로 충전포트가 분리된 형태를 가진 DC 콤보 방식은 독일의 BMW와 미국의 GM, 포드 등 7개 자동차 제조사에서 개발되었다. 위쪽에는 완속충전용 AC 모듈, 아래쪽에는 급속충전용 DC모듈이 같이 존재하는 DC 콤보형 전기차 충전 방식은 하나의 충전구를 활용하여 완속, 급속충전이 모두 가능하며 비상급속 충전까지 가능하다는 장점이 있다. 단점도 있다. 충전정보를 원활히 제공하지 못할 수 있다는 점이다. DC 콤보의 경우 충전하는 동안의 배터리 잔량이나 충전 속도 등을 충전기와 공유한다. 이때 주파수 간섭으로 인해 충전정보를 원활히 제공하지 못할 수 있기 때문이다. 또한 급속충전에 비해 완속 충전 시간이 다소 긴 편이다.

---

22) young HYUNDAI, 2020.

23) 한전 보고서, 2014, 5월

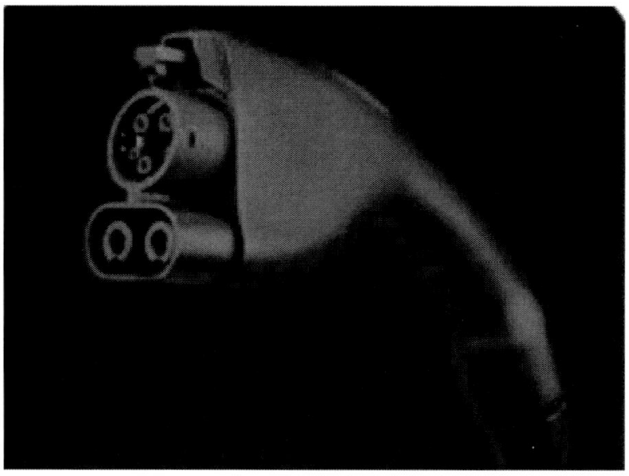

DC 콤보, 출처: young HYUNDAI

(2) 일본 개발 차데모

차데모 방식은 일본의 도쿄전력을 중심으로 닛산, 토요타, 미쓰비시에서 개발된 방식으로, 충전(Charge)와 주행(Move)를 합친 단어이다. DC방식을 이용한 급속충전을 목표로 개발되었고, 충전정보를 유선으로 제공하여 DC콤보에서 있던 주파수 간섭문제가 발생하지 않는다는 장점이 있지만, 차데모 방식을 이용한 차량은 충전기에 급속과 완속 소켓이 구분되어 있어 차량에 설치되어야 하는 충전기의 부피가 크고, 충전시간이 다른 방식과 비교했을 때 다소 길다는 단점이 있다.

AC 3상

차데모

(3) 프랑스 개발 AC 3상

AC3상 방식은 프랑스의 르노에서 개발한 방식이다. 별도의 어댑터가 필요하지 않아서 급속과 완속이 하나의 충전포트로 모두 가능하다. 따라서 전기 수급상황에 맞게 유연하게 충전방식을 조절할 수 있다는 장점이 있지만, 충전기의 설치비용이 높고, 르노 차량 이외에는 AC3상을 이용하는 차량이 많지 않아서 보급률이 떨어진다는 단점이 있다.

	IEC 62196-2:2010			GB 20234.2-2011
	Type1-U.S	Type 2-Germany	Type 3-Italy	China
Phase	Single phase	Single/Three phase	Single phase	Single phase (Three phase reserved)
Current	32A(80A U.S)	70A/63A	16A,32A/32A	16A,32A
Voltage	250V	480V	250V,250V/500V	250V/400V
Pin & interlock	5-pin, mechanical lock	7-pin, electronic lock	4-pin, 5-pin	7-pin, mechanical lock (optional electronic lock)
Control pilot pin	Two short pins	One short pin, one long pin		Two short pins
Male & female pin		Plug: male Vehicle connector: female		Plug: male Vehicle connector: male
Dimensions				

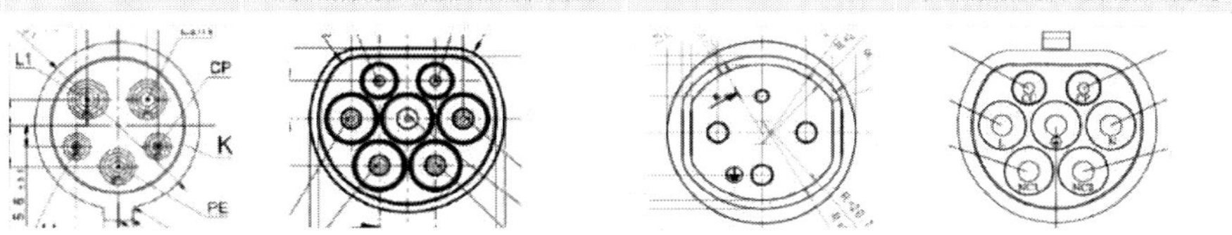

Japan proposal → CHAdeMO

China proposal → GB/T 20234 Connection set for conductive charging of electric vehicles

Germany proposal → AC & DC Combo coupler

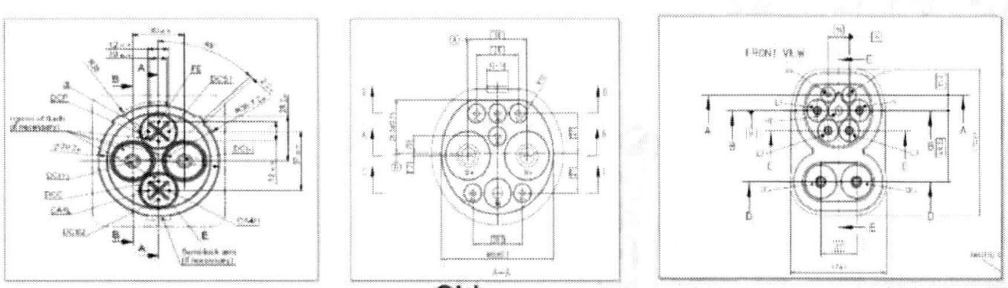

Japan China Europe/US

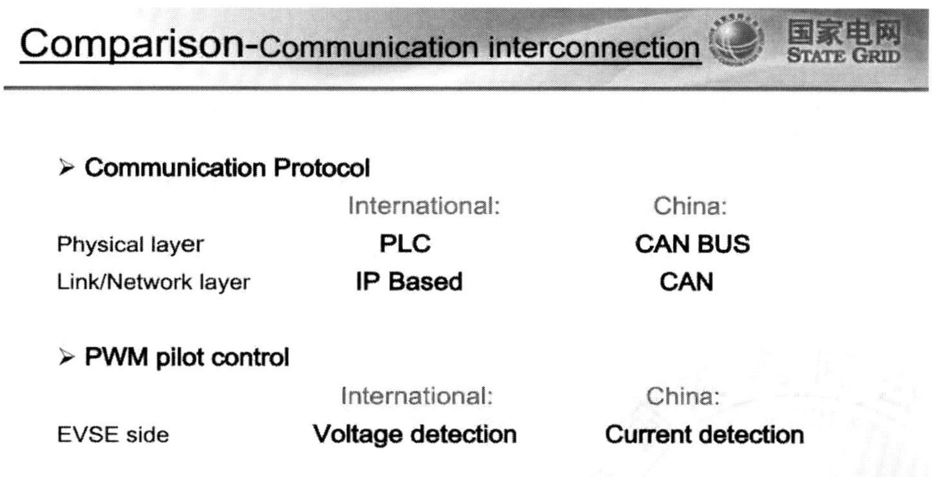

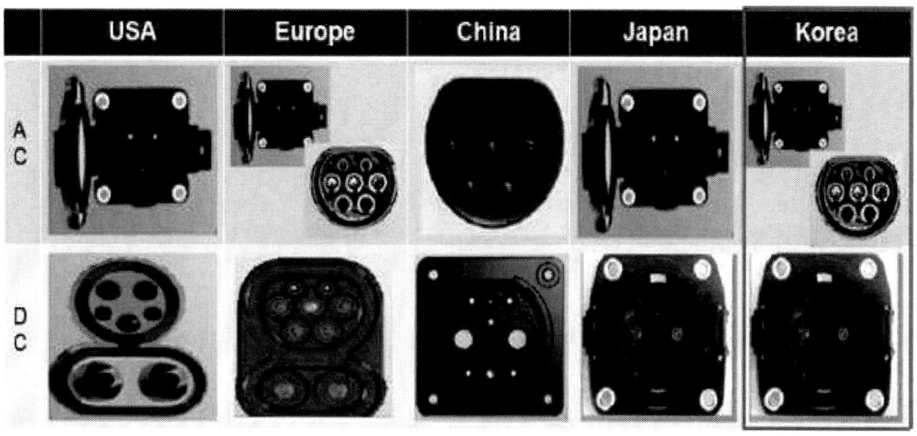

[24]

국가별 충전기 커넥터/인렛 표준 형상

(4) 커넥터 인렛 표준

전기차 충전인프라 구축에 가장 중요한 표준 중 하나가 바로 커넥터-인렛 표준(IEC 62196) 이다. 휘발유 자동차의 연료는 커넥터 해당하는 주유기에 인렛에 해당하는 주입구가 들어가기만 하면 어디에서든 충전 즉, 주유가 가능하며, 통신 할 필요도 없다. 하지만, 전기차의 경우, 교류 및 직류, 교류의 경우 단상 및 삼상, 커넥터 형상, 아날로그 제어 및 감시신호, 디지털 통신이 정확하게 이루어 져야 충전이 가능하게 된다.

IEC 표준	구 분	단계
IEC 62196-1	커넥터-인렛 공통 표준	IS
IEC 62196-2	교류용 커넥터-인렛 표준	FDIS
IEC 62196-3	직류용 커넥터-인렛 표준	Draft CD

커넥터 및 입력 표준현황

24) ZAP MAP, Charging basic, https://www.zap-map.com/charge-points/basics/

상기의 표에 보듯이, IEC 62196-1은 커넥터 및 인렛에 대한 공통 표준이며 국제표준으로 발간이 완료되었다. IEC 62196-2는 교류용 커넥터-인렛 표준이며 크게 5핀과 7핀용이 있다. 5핀은 단상용이며 주로 한국, 일본, 미국이 사용하고 있다. 7핀은 삼상용이며 주로 유럽과 중국에서 사용하는 추세이다. 단상과 삼상의 차이는 충전 전력에 차이가 있어 결국은 충전 시간에 영향을 준다. 전기차 탑재 OBC의 용량은 단상의 경우 약 7.5 kW, 삼상의 경우 약 25 kW 까지 가능하다.

IEC 62196-3은 직류용 커넥터-인렛 표준이며, 일본, 중국은 직류 전용 커넥터 인렛을 제안했으며, 서로 다른 형상이다. 미국은 교류 5핀을 직류용 커넥터-인렛으로 사용하는 방안과 5핀을 제어 신호로 사용하는 직류 전용 커넥터 인렛을 제안하였다. 독일을 포함한 유럽은 교류 7 핀을 직류용 커넥터 인렛으로 사용하는 방안과 7핀을 제어 신호로 사용하는 직류 전용 커넥터-인렛을 제안했다. 따라서 직류용 국제 표준은 단일화가 되기 어려운 상황이다.[25]

또한, 교류 충전(AC)의 경우, 국가별 전력 인프라에 따라 핀수가 다른 커플러를 채택, 직류 충전(DC) 또한 제조사 마다 기술력과 개발방향이 달라 다양한 충전 방식과 커플러가 국내외 시장에서 경쟁이 이뤄지고 있는 상황이다.(교류 충전: 한국 미국 일본(5핀), 유럽, 중국(7핀) 적용, 직류 충전: 제조사(기아, GM, BMW등) 차데모(DC 전용), 5 핀/7핀 콤보 적용.) 따라서 다양한 충전방식이 적용이 되며, 단일 표준화가 안 되는 이유이기도 하다.

한편, 중국의 ABB, electronic giant는 차데모나 콤보의 호환의 문제를 넘어선 독자적인 단상의 급속 충전 시스템을 개발, 급속 충전기의 세계 표준화를 시도. 기술적인 면에서 차데모나 콤보의 호환이 안 되는 난점을 뛰어 넘어 급속 충전기의 세계 표준화를 시도하고 있고, 중국 정부도 전기차 활성을 위해 적극 지원 중이다.[26]

무선 충전분야는 소용량(승용) 및 대용량(버스) 충전 기술에 대한 표준화가 진행중이며, 대용량 무선 충전 전기 자동차에 우리 기술을 반영하기 위해 적극 대응하고 있다. 따라서 각각의 장단점을 고려, 기존에 전기자동차의 수요를 고려 할 때 급속 한 표준화는 힘들며, 콤보/차데모의 멀티 급속 충전기의 보편화가 이뤄질 전망으로 이에 따른 부품들도 이원화 될 전망이다.

2) 국내 충전기 표준

현재 전 세계적으로 전기차 충전기 시장에서 각 방식이 차지하고 있는 점유율은 DC콤

---

25) 전자파 기술원 뉴스 레터, 전기차 충전시스템과 전기차 적합성, 2011 년 9월

26) The Long Tail Pipe, Evaluating the full transportation and Energy Life-cycle, EV Charging, China's electric car fast charging(GB/T20234) to become world standard ?, 2014, 2, 13

보 57%, 차데모 38%, AC3상 5% 순이다. 세계적으로 차데모와 DC콤보 방식이 많이 상용화되었다. 하지만 차데모 방식의 경우 전 세계 충전기 2,700여개 중 1,700개가 일본에 설치되어 있어 일본 편중이 심하다는 단점이 있다. 사실상 DC콤보가 국제적인 표준으로 자리잡아 가는 추세이다. 충전방식이 효율적이고 비상급속 충전이 가능하다는 이유로 미국 자동차 공학회가 DC콤보 방식을 표준으로 채택하였고, 유럽에서도 2019년부터 DC 콤보를 단일 표준으로 적용하는 법안을 추진하였기 때문이다.

국내의 경우 최초로 출시된 전기차가 르노의 SM3 Z.E였고, DC 콤보 방식의 주파수 간섭문제로 인해 AC3상과 차데모 방식을 국내 표준으로 제정해서 이용했으나, 전세계적으로 DC콤보 방식의 효율성이 부각되고 있고 세계적 흐름에 따라 국내 자동차 브랜드의 신형 전기차들이 DC콤보 방식을 주로 채택하면서 국내에서도 DC콤보 방식의 비중이 늘어났다.

2017년 기준 국내 전기자동차의 67%가 DC콤보 방식을 이용하게 되면서 국가기술표준원에서는 DC콤보 방식을 전기자동차 급속충전 표준으로 지정했는데, 앞으로도 DC콤보 방식으로 전기차 충전방식이 더욱 늘어날 전망이다.

▌전기차 차종별 충전방식

구분	차종	충전방식	
		급속	완속
현대기아차	블루온, 레이, 쏘울, 아이오닉	DC차데모(10pin)	AC 단상(5pin)
	아이오닉, 코나, 니로, 쏘울	DC콤보 7핀(급속)	
르노삼성	ZOE	DC콤보(7pin)	AC 단상(5pin)
	SM3 ZE	AC3상(7pin)	AC 단상(7pin)
한국GM	스파크, 볼트	DC콤보(7pin)	AC 단상(5pin)
BMW	i3	DC콤보(7pin)	AC 단상(5pin)
닛산	Leaf	DC차데모(10pin)	AC 단상(5pin)

출처: 환경부 저공해차누리집

국내 충전기의 대부분이 2개 이상의 방식 지원, 출처: 환경부

4. 국내 전기차 충전 전용 요금 제도

한국에서는 전기차 보급 초기부터 전용 전기요금 제도를 도입하여 충전 비용 부담을 경감시켜왔다. 2017년 한국전력공사는 전기차 충전용 전기요금에 대한 특례할인을 시행하여, kWh당 전력요금을 일반용 전기요금보다 낮추고 충전기에 부과되는 기본요금(계약전력 요금)을 한시적으로 면제해주었다. 이 특례는 민간 충전사업자의 사업 여건을 개선하고 초기 전기차 운전자의 충전비 절감을 유도하는 효과를 냈다. 당초 2022년까지 한시적으로 운영되던 할인제도는 몇 차례 연장되었으나, 2022년 7월을 기해 종료되었다. 이에 따라 완속·급속충전 요금이 순차적으로 인상되어, 현재는 대부분 일반 전기요금과 유사한 수준으로 조정되었다.

2023년 기준 국내 공공급속충전기의 요금은 kWh당 약 300원대로 형성되었다. 환경부가 운영하는 급속충전기(EVsein 등)는 1kWh당 324.4원(50kW급 기준)~347.2원(100kW 이상 초급속) 수준이고, 민간 사업자들도 이와 비슷하거나 약간 높은 요금을 책정하고 있다. 완속 충전의 경우 kWh당 250~290원 가량으로 급속 대비 약간 저렴하다. 다만 회원제로 할인 혜택을 주거나 특정 신용카드와 제휴하여 할인해주는 등 사업자별 요금 정책 차이가 있다. 예를 들어 GS차지비 회원은 급속기 사용 시 1kWh당 335원의 요금을 내고, 에버온은 324.4원 등으로 책정되어 있다. 비회원이나 로밍 사용 시는 여기에 추가 비용이 붙어 400원대에 육박하기도 한다.

전기차 충전 요금은 연료비 인상과 전력 원가 상승분을 반영하여 최근 몇 년간 꾸준히 오르는 추세다. 2020년대 초까지는 전기차의 경제성(유류비 대비 연료비 절감)이 매우 높았으나, 2023년 이후 전기요금 인상으로 kWh당 요금이 크게 올라감에 따라 운영비 부담이 커지고 있다. 전기차 운전자 입장에서는 집이나 직장에서 저렴한 심야 전기로 충

전하는 것이 비용 절감에 유리해졌다. 이에 대응해 일부 충전 사업자는 시간대별 요금제나 스마트 충전 서비스를 도입하고 있다. 예를 들어 에버온의 AI 기반 "알뜰충전" 서비스는 심야에 충전을 집중시켜 요금을 절감해주며, 사용자 충전 패턴에 맞춰 최적 요금으로 충전하는 알고리즘을 제공한다.

한편 정부는 전기차 보급 정책과 연계하여 공공요금 체계 개선을 검토 중이다. 예를 들어 충전혼잡 지역이나 피크 시간대에는 가격을 다르게 책정하는 탄력요금제 도입, 완속충전을 장려하기 위한 별도 할인, 그리고 전기차 이용자의 형평성을 고려한 신규 부과금(도로이용세 대체 등) 논의 등이 있다. 아직 구체화되지는 않았지만, 전기차 보급이 늘어남에 따라 향후 충전 요금 정책도 지속 조정되고 세분화될 가능성이 높다.

5. 국내외 충전기 보급 현황

(1) 글로벌 충전기 보급 현황

글로벌 차원에서 전기차 충전 인프라는 2020년대에 들어 급격히 확충되고 있다. 국제에너지기구(IEA)에 따르면 2024년 말 기준 전 세계 공공 충전기는 500만 기를 돌파하였으며, 2024년 한 해 추가된 공공충전기만 130만 기 이상으로 전년도 대비 30% 이상 증가하였다. 이처럼 폭발적인 증가는 중국과 유럽이 주도하고 있다. 중국은 자국 내 공공충전기의 65%를 차지할 만큼 최대 시장으로, 대도시와 고속도로망을 중심으로 2024년 현재 300만 기 이상의 충전기를 운영 중이다. 중국은 전기차 보급 대수도 세계 최대이기 때문에, 10대의 전기차당 1기 이상의 비교적 촘촘한 충전망을 구축했다.

유럽연합(EU)은 2024년 말 기준 역내 공공충전기가 약 100만 기에 이르며, 2024년 한 해 35% 이상 성장했다. 회원국별로는 네덜란드(18만 기), 독일(16만 기), 프랑스(15.5만 기) 등이 가장 많은 충전기를 보유하고 있으며, 인구와 전기차 보급대수를 고려하면 상당히 적극적인 인프라 투자이다. EU는 2025년까지 주요 간선도로마다 60km 간격으로 150kW 이상의 급속충전소 설치를 의무화하는 AFIR(Alternative Fuels Infrastructure Regulation) 규정을 채택하여, 범유럽 차원의 충전망 공백 해소에 나서고 있다. 또한 신규 건축물에 충전기 준비배선을 의무화하는 등 정책적 노력으로 민간 부문의 충전 인프라도 확충 중이다.

미국은 상대적으로 더딘 출발을 보였으나 연방 지원으로 개선되고 있다. 2024년 말 기준 미국의 공공충전기는 약 20만 기 수준으로, 유럽에 비하면 수적으로 적다. 그러나 2021년부터 시작된 국가 EV 인프라 프로그램(NEVI)으로 2030년까지 50만기의 공공급속충전기 구축을 목표로 하고 있어 앞으로 급격한 증가가 예상된다. 다만 2024년까지는

연방 예산 집행이 더딘 편이어서, 주로 테슬라, EVgo, 일렉트리파이 아메리카 등 민간 주도 설치가 큰 비중을 차지했다. 미국은 지리적으로 넓고 주별 상황 차이가 크기에, 캘리포니아처럼 이미 8만 기 이상 운영되는 곳이 있는 반면 충전기가 수백 기에 불과한 주(州)도 존재한다.

그 외 국가를 보면, 일본은 CHAdeMO 확산에 힘입어 2만 기 이상의 급속충전기를 일찍 구축했으나 최근 성장세가 정체되어 있다. 캐나다, 호주 등은 미국과 유사한 표준으로 인프라를 늘리는 중이고, 인도, 동남아 신흥시장도 정부 주도로 도심에 충전망을 깔고 있다. 특히 인도는 2024년 신규 공공충전기 4만 기 설치에 재정을 투입했고, 태국, 인도네시아 등 동남아 주요국들도 전기차 확대에 맞춰 수천 기 규모 인프라 구축을 진행 중이다.

전 세계 충전기 수가 급증하고 있지만, 이를 전기차 보급 속도에 대비하면 지역별 편차가 있다. 중국은 대체로 10대당 1기 이하 수준을 유지하며 충전 인프라가 차량 증가에 부응하고 있다. 유럽은 평균 13대당 1기 꼴로 여전히 양호한 편이나, 국가별로 영국처럼 20대당 1기에 달하는 곳도 있어 개선이 필요하다. 미국은 현재 40~50대당 1기 수준으로, 상당히 촘촘도가 떨어진다. 다만 미국은 가정용 충전 비율이 높아 공공충전 수요가 상대적으로 적다는 점이 고려된다. 전반적으로 1만 대의 전기차당 1천 기(즉 10:1 비율) 정도가 이상적이라는 의견이 있으며, 많은 국가들이 이를 중장기 목표로 삼고 있다.

(2) 국내 충전기 보급 현황

한국의 충전기 보급은 정부와 민간이 함께 노력한 결과 빠른 속도로 확대되고 있다. 2024년 현재 전국에 설치된 전기차 충전기는 약 40만 기에 달한다. 이 수치는 공용·사설을 모두 포함한 누적치로, 불과 몇 년 만에 폭발적으로 증가한 것이다. 특히 완속 충전기가 아파트나 사업장 위주로 대량 보급되며 전체 수량의 대부분을 차지한다. 급속충전기도 지속적으로 확충되어, 2023년 말 기준 50kW 이상급 급속충전기가 5만 기를 넘어서고 100kW 이상 초급속 충전기도 수천 기 수준으로 늘어났다. 지역별로는 수도권(서울·경기)에 설치된 충전기가 절반 가량을 차지하지만, 최근에는 고속도로 휴게소, 지방 주요 도시 등으로도 충전망이 촘촘히 확대되고 있다.

정부는 친환경차 통합누리집(ev.or.kr) 등을 통해 전국 충전기 정보를 공개하고, 실시간 상태 모니터링으로 이용 편의를 돕고 있다. 또한 환경부, 한국전력, 지자체 등의 공공부문이 직접 설치·운영하는 충전기도 상당수 존재한다. 예를 들어 환경부는 공영주차장, 공공청사 등에 급속기를 설치하는 보급 사업을 매년 시행 중이다. 한국전력은 고속도로 휴게소를 중심으로 초급속 충전소("차세대융합충전소") 구축을 추진하고 있다. 이러한 공공

인프라와 더불어 민간 충전사업자들도 시장 경쟁 속에 적극 투자하여 충전망을 넓혀가고 있다.

한국의 전기차 대수 대비 충전기 비율을 보면 2024년 기준 전기차 1대당 공공충전기 약 1.5기 수준으로, 비교적 양호한 편이다. 국내 주유소가 약 1만 개임을 감안할 때, 충전기는 그 수의 수십 배에 달하지만 대부분 완속 충전기라는 차이가 있다. 1기당 처리 용량이 주유소 대비 작기 때문에, 충전기 수가 많아도 충전 수요를 모두 감당하기에는 부족하다는 지적이 있다. 이에 정부는 2025년까지 누적 50만기, 2030년까지 200만기 이상 충전기 보급을 목표로 제시했다. 특히 급속 충전기의 대폭 확충과 노후 설비 교체를 통해, 전기차 이용자의 체감 편의 향상을 도모하고 있다.

6. 국내외 전기자동차 충전기 시장 및 개발 동향

전기차 충전기 시장은 전기차 보급에 발맞추어 고속 성장기를 구가하고 있다. 글로벌 시장 규모는 2022년 기준 약 70~80억 달러 수준에서 2030년 1000억 달러를 넘어설 것으로 예상된다. 이러한 급성장 배경에는 기술 개발과 함께 정책 지원, 표준화, 신규 사업자 진입 등 다양한 요인이 있다. 주요 동향을 몇 가지 측면에서 정리하면 다음과 같다.

(1) 초급속 충전 기술 경쟁

2024년 현재 충전기 제조사들은 앞다투어 더 높은 출력의 충전기를 선보이고 있다. 350kW급은 이미 유럽 Ionity 등을 통해 상용화되었고, 스위스의 ABB, 한국의 시그넷이브이(Signet EV) 등은 최대 450~500kW까지 지원하는 차세대 충전기를 발표했다. 또한 대영채비(채비)처럼 400kW급 충전기를 CES 2025에서 선보인 사례도 있다. 고출력 충전기는 케이블 발열을 억제하기 위한 액체냉각 케이블, 고전류에서도 내구성을 유지하는 특수 커넥터 기술이 핵심이다. 동시에 차량 측도 800V 고전압 시스템을 채용하고 배터리 수납을 강화하여 고속 충전을 견딜 수 있도록 발전하고 있다. 5분 충전, 300km 주행과 같은 구호가 현실화될 날이 머지않았으며, 이는 전기차 충전의 가장 큰 약점이었던 대기 시간을 크게 개선할 것으로 기대된다.

(2) 충전 인프라 서비스의 신뢰성과 유지보수

충전기 수가 늘어나면서 운영 품질이 중요한 이슈로 떠올랐다. 일부 지역에서는 설치된 충전기 중 상당수가 고장이나 통신 장애로 인해 제대로 작동하지 않는 문제가 보고되고 있다. 이에 따라 충전사업자들은 원격 모니터링과 예지정비 시스템을 도입하여 가용률을

높이는 노력을 하고 있다. 또한 충전기 제조 단계에서 내환경성, 내구성을 강화하고, 모듈화 설계를 통해 현장에서 빠른 수리가 가능하도록 개발 방향이 잡혀가고 있다. 사용자 입장에서는 언제 어느 곳에서나 믿고 사용할 수 있는 충전망이 구축되는 것이 전기차 이용 편의의 핵심인 만큼, 충전 신뢰도 향상이 업계 공통의 화두가 되고 있다.

(3) 표준 통합과 인터페이스 개선

앞서 충전기 표준에서 살펴본 것처럼, 지역별 이원화되어 있던 표준이 정리되는 추세다. 특히 북미에서 테슬라 NACS와 CCS1 통합 이슈는 세계 충전 산업 관계자들의 큰 관심사다. 2024년부터 미국 주요 충전사업자들은 충전기에 NACS 커넥터를 추가로 장착하기 시작하였고, 2025년 이후 출시되는 미국산 전기차 상당수가 NACS 포트를 기본 채용할 예정이다. 이는 사업자들에게 어댑터 지원, 듀얼 케이블 설비 등의 추가 투자를 요구하지만, 장기적으로는 통일된 표준으로 효율성이 높아질 전망이다. 유럽과 한국은 CCS2/CCS1 체계가 유지되며 큰 변화는 없겠지만, ISO 15118 Plug&Charge 도입처럼 사용자 인터페이스 측면의 개선이 진행되고 있다. 가까운 미래에는 충전기에 케이블만 연결하면 인증·결제가 자동으로 이뤄져 사용자의 번거로움이 줄고 보안성은 강화될 것으로 보인다.

(4) 전력망 및 재생에너지 연계

대량의 전기차 충전은 전력 수요 패턴에도 영향을 미친다. 특히 저녁 시간대에 동시에 충전할 경우 피크 부하 문제가 발생할 수 있어, 스마트 충전(Smart Charging) 기술이 각광받고 있다. 이는 전기차를 충전하되 전력망 상황을 고려하여 시간과 출력을 자동으로 조절하는 방식이다. 예컨대 전력 수요가 적은 심야시간에는 충전을 유도하고, 피크 시간대에는 일시적으로 충전을 지연하는 것이다. 사용자 요금 할인 등 인센티브와 연계하면 큰 불편 없이도 실시 가능하다. 더 나아가 양방향 충전(V2G)이 실용화되면, 차량에 저장된 전력을 다시 건물이나 그리드로 공급하여 전력 피크 저감이나 비상전원으로 활용할 수 있다. 유럽을 중심으로 V2G 시범사업이 진행 중이며, 2025년 이후 양방향 충전기 표준이 완성되면 상용화가 기대된다. 또한 충전 인프라에 태양광 발전과 배터리 저장장치(ESS)를 결합하여, 자체 재생에너지로 차량을 충전하고 그리드에 가해지는 부하를 줄이는 에너지 자립형 충전소 모델도 확산되는 추세다. 미국 캘리포니아나 호주 등지에서는 태양광 패널 아래 EV 충전주차장을 건설하는 프로젝트가 진행되고 있다.

(5) 비즈니스 모델의 다양화

충전 인프라가 늘면서 새로운 비즈니스 모델도 등장하고 있다. 예를 들어 충전 스테이션 광고는 충전 시간 동안 사용자에게 정보를 제공하고 수익을 창출하는 방안으로, 볼타

(Volta)가 선도한 모델이다. 또한 모빌리티 서비스 연계, 즉 주차와 충전, 카셰어링과 충전을 결합한 복합 서비스들도 시도되고 있다. 전기차 보급 초창기에는 충전사업만으로 수익을 내기 어려웠으나, 차량 대수가 임계점을 넘어서면서 유료 멤버십, 프리미엄 충전 서비스(예약제 충전, 차량 픽업 충전) 등 부가 서비스가 시장에서 받아들여지고 있다. 향후 자율주행차 시대에는 운전자 없는 차량이 스스로 충전소로 이동해 충전하는 시나리오도 구상되고 있어, 로봇 팔을 이용한 자동 충전기술 등도 연구되고 있다.

(6) 정부 정책 및 규제 대응

충전 인프라 시장은 정부의 지원과 규제가 큰 영향을 미치는 영역이다. 각국 정부는 보조금, 세제혜택, 의무화 정책 등을 통해 민간 투자를 촉진하는 한편, 일정 품질 수준을 요구하고 있다. 유럽의 AFIR처럼 충전소 설치를 의무화하거나, 미국처럼 Made in USA 조건을 내세워 국내 생산 충전기 사용을 유도하기도 한다. 한국에서도 50대 이상 규모 건물에 의무적으로 충전구역을 확보토록 법제화하고, 충전요금 폭리 방지 등 이용자 보호장치를 고민하고 있다. 앞으로 이러한 정책적 개입이 더욱 구체화될 것으로 보이며, 이는 업계에 기회와 도전을 함께 제시할 것이다.

V. 국내 전기차 충전 인프라 업체 동향

한국 전기차 충전 인프라 시장에는 다수의 기업들이 참여하여 각축을 벌이고 있다. 충전기 제조, 설치, 운영, 서비스 플랫폼 등 분야별로 강점을 가진 업체들이 있으며, 정부의 인증 및 보조금 제도를 통해 시장 형성이 이루어져왔다. 아래에서는 국내 주요 충전 인프라 기업들의 현황과 동향을 업체별로 살펴본다.

1. 대영채비

1) 기업 개요

(1) 회사 소개

대영채비(현 브랜드명: 채비, Chaevi)는 국내 전기차 충전 인프라 업계를 선도하는 기업 중 하나다. 2016년 설립된 대영채비는 급속 충전기 제조와 충전소 운영을 주력으로 성장하여, 현재 국내 급속 충전기 설치 대수 1위 사업자로 평가된다. 이 회사는 50kW급부터 200kW 이상의 초급속 충전기까지 자체 기술로 개발·생산하며, 전국 주요 거점에 충전 네트워크를 구축하고 있다. 채비의 충전기는 환경부, 한국전력 등 공공 사업 입찰에서 다수採用되어 공공 급속충전소에 많이 설치되었고, 민간에서도 SK에너지 주유소, 대형 마트 주차장 등 다양한 장소에 채비 충전기가 도입되었다.

(2) 주요 제품

① 급속 충전기

50kW 충전기, 100kW 충전기, 200kW 충전기, 400kW 충전기로 구성되어 있다. 급속 충전기의 가장 큰 경쟁력은 설계와 금형부터 제조, 설치, 애프터 서비스(A/S)까지 모두 지원할 정도로 폭넓은 기술력이다. 급속 충전기의 경우 케이블 밸런스를 통해 케이블 정리가 편리한 구조로, 케이블 이용이 편리하다. 또한 스프링밸런스에 케이블을 연결하면 적은 힘으로 사용할 수 있어 여성이나 노약자까지 손쉽게 충전할 수 있고, 녹에 강한 분체 도장 방식을 채택하여 내구성이 뛰어나다. 전력 품질 개선을 위해 변압기도 내장되어 있다. 현대자동차의 아이오닉 일렉트릭은 30분 이내, 쉐보레 볼트 EV는 1시간 이내에 충전이 완료된다.

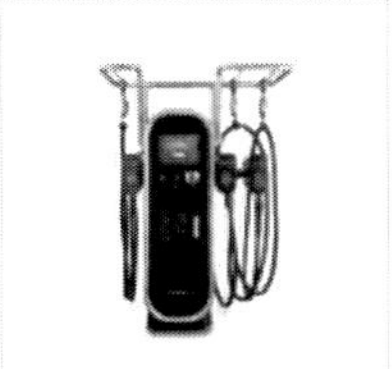
50kW 충전기

100kW 충전기

200kW 충전기

400kW 충전기

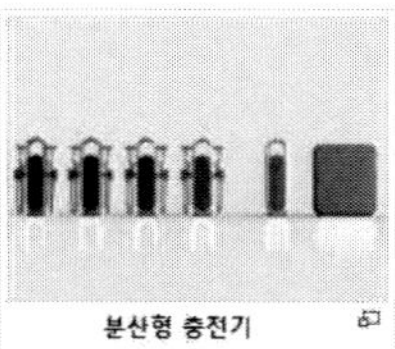
분산형 충전기

② 완속 충전기

모바일 충전기, 벽걸이 충전기, 스탠드 릴형 충전기, 스탠드 일반형 충전기로 구성되어 있다. 이 완속 충전기에는 바닥에 끌리지 않고 다루기 쉽도록 충전기에 특허 받은 스프링 릴 형 케이블이 적용되었다. 또한 이 충전기는 대영채비㈜ 운영 시스템과 연결되어 사용자 인증을 위한 별도의 통신요금이 발생하지 않는다는 장점이 있다. 2016년부터 2017년까지 1년간 30여 건 이상의 특허 인증 및 출원을 받았다. 이러한 기술력을 인정받아 2017년 5월 환경부에서 발주한 전국 고속도로 휴게소와 대형 마트, 상업 시설 등에 60여억 원 규모에 달하는 총 260기의 전기자동차 급속 충전기를 설치하는 사업을 단독 수주했다.

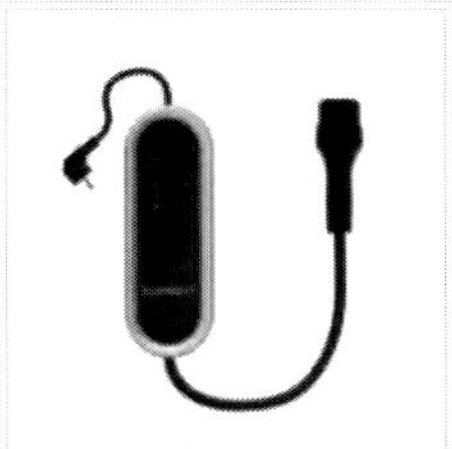
모바일 충전기

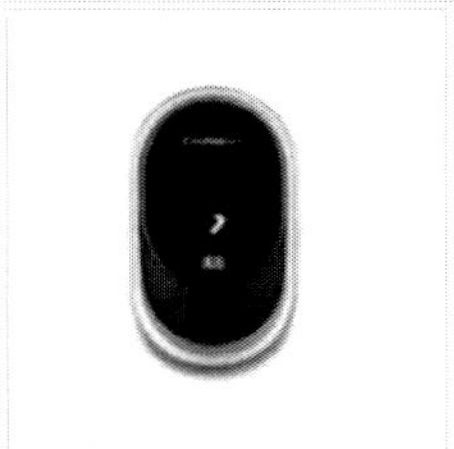
벽걸이 충전기

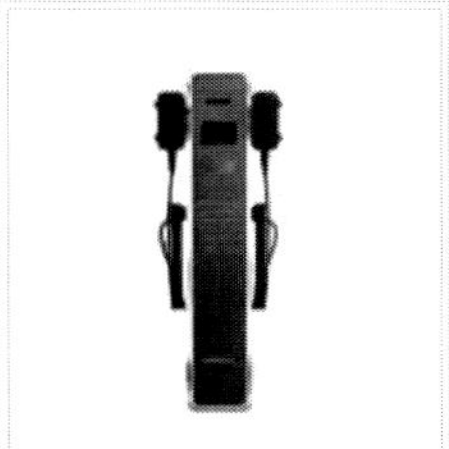
스탠드 일반형 충전기

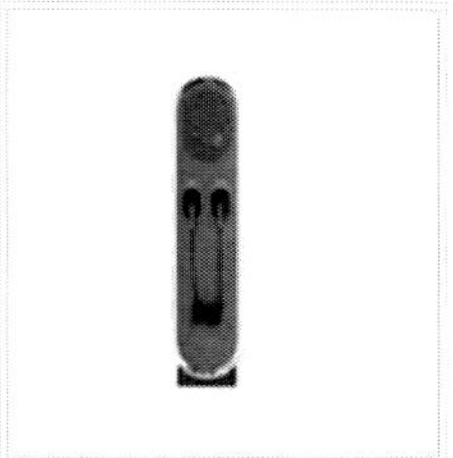
스탠드 릴형 충전기

2) 사업 동향

채비는 공격적인 R&D를 통해 신기술 도입에도 앞장서고 있다. 2023년에는 세계적으로 인증 받은 400kW급 초급속 충전기를 개발하여 CES 2025에서 공개하였고, 한 번에 여러 대 차량을 충전할 수 있는 멀티아웃렛 급속충전기 등 혁신 제품도 출시했다. 또한 국내 최초로 이동형 충전 차량(일종의 충전 트럭)을 운영하여 긴급 상황 시 현장 출동 충전 서비스를 제공하는 등 서비스 다양화를 추구하고 있다. 채비는 2021년 사명을 대영채비에서 채비로 단순화하고, "5분 충전을 넘어 에너지 플랫폼 기업으로 도약"이라는 비전을 밝히며 단순 충전기 업체를 넘어 종합 에너지 서비스를 지향하고 있다.

최근 채비의 눈에 띄는 행보로는 해외 시장 진출과 상장 추진이 있다. 2023년 채비는 미국 캘리포니아주 리버사이드시에 180kW~400kW급 급속 충전기 500대 이상을 공급하는 MOU를 체결, 2026년부터 설치를 시작할 계획이라고 발표했다. 이를 통해 국내에서 쌓은 노하우를 바탕으로 북미 시장에 진출해 글로벌 기업으로 성장하려는 전략이다. 또한 채비는 2025년 코스피 상장을 목표로 기업공개를 준비 중이며, 전기차 충전 인프라 시장의 높은 성장성과 채비의 기술적 우위가 투자자들에게 어필되고 있다. 시장에서는 채비가 상장에 성공하면 국내 충전 인프라 업계 최초의 대형 IPO 사례가 될 것으로 주목하고 있다.

2. 시그넷이브이

1) 기업 개요

(1) 회사 소개

시그넷이브이(Signet EV)는 국내 충전기 제조 분야의 대표 주자로, 특히 초급속 충전 기술에서 세계적인 경쟁력을 보유한 기업이다. 2016년 설립된 시그넷이브이는 2018년 세계 최초로 350kW급 초급속 충전기를 상용화하여 명성을 얻었고, 미국 전기차 충전 네트워크인 일렉트리파이 아메리카(EA) 등에 대량 공급하며 글로벌 시장에서 입지를 다졌다. 이러한 성과를 바탕으로 2021년에는 SK그룹이 지분 55%를 인수하여 SK시그넷(SK Signet)으로 편입되었다. SK시그넷은 SK그룹의 에너지·배터리 사업과 시너지를 모색하며, 미국 텍사스주에 연간 1만 대 생산 규모의 충전기 공장을 건설하는 등 대규모 투자를 받고 있다.

(2) 주요 제품

시그넷이브이는 다양한 차량, 다양한 상황에 대응할 수 있도록 초고속, 급속, 중속, 완속, V2G에 이르기까지 풀라인업을 갖추고 있다. 시그넷의 충전기는 극한의 환경에서 사용할 수 있는 방수기능을 갖추고 있으며 동시에 심미적 요구를 만족시키는 디자인을 제공한다.

이미지 출처: 시그넷이브이 홈페이지

시그넷이브이의 제품 라인업은 50kW~400kW까지 다양하며, 특히 미국과 유럽 시장에서 인증 받은 제품을 보유해 수출 비중이 높다. 기술적으로는 고출력 병렬 구성, 전력 변환 효율 면에서 탁월하여, 급속 충전 시 발생하는 발열과 전압 변동을 안정적으로 제어하는 기술력이 강점으로 꼽힌다. 또한 충전 모듈을 표준화하여 현장에서 손쉽게 유지보수 가능한 설계를 채택하고 있어 운영자들에게도 호평을 받고 있다. SK시그넷은 인수 후에도 독립 경영 체제를 유지하며 국내외 시장을 공략하고 있는데, 국내에서는 현대자동차 E-pit 초급속 충전소의 주요 충전기 공급사로 선정되어 기술력을 입증했다.

2) 사업 동향

(1) SK, 초급속 전기차 충전기 업체 시그넷EV 인수[27)]

에스케이(SK)그룹 지주사이자 투자전문 회사인 에스케이(주)는 15일 이사회를 열어 초급속 충전기 제조회사인 시그넷이브이(EV)를 인수하기로 결정했다고 밝혔다. 시그넷이브이 지분 55.5%를 2930억원(신주 2100억원)에 인수하는 내용이다. 한국 업체인 시그넷이브이는 2016년 설립됐으며 350kW 초급속 충전기를 개발해 2018년 미국서 처음으로 인증을 받은 기업이라고 에스케이는 전했다. 초급속 충전기 최대 시장인 미국에서 50% 이상의 시장 점유율을 보유하고 있다. 지난 해 거둔 619억원의 매출은 대부분 해외 사업에서 비롯됐다. 시그넷 이브이의 해외 매출은 2018년 280억원에서 지난 해 510억원으로 늘었다.

글로벌 전기차 충전기 시장은 2021년 약33억 달러(3조 7천억원) 규모에서 2030년 220억 달러(25조원)로 연평균 24%의 고성장을 시현할 것으로 업계에서는 추정하고 있다.

에스케이는 시그넷이브이 인수를 통해 고품질의 충전기 제조 역량을 확보한 뒤 그룹의 반도체 및 정보통신 역량과 접목해 자율주행 전기차 시장에 대비할 계획이라고 밝혔다.

(2) ㈜시그넷이브이, 글로벌 기업을 기술력으로 제친 국내 중소기업의 저력[28)]

세계 최대 규모로 진행되는 북미 초급속 충전인프라 구축 프로젝트에 국내 중소기업이 최다 납품 대상자로 선정돼 화제다.

27) 한겨레 2021.04.15.
28) 동아닷컴, 2020.01.

인디애나주 클라크스빌 월마트에 설치된 초급속 충전기, 출처: 동아닷컴

㈜시그넷이브이는 2017년 EA(Electrify America) 프로젝트에 참여하며 북미 지역에 상당량의 초급속 충전기를 설치한 바 있다. EA 프로젝트는 폭스바겐의 자회사인 일렉트리파이 아메리카가 10년간 약 2조2000억 원을 투자해 미국 내 친환경차 운행을 위한 초급속 충전인프라를 구축하는 대규모 사업이다.
시그넷이브이는 이번 EA 2차 프로젝트 사업 대상 선정에서 기존 프로젝트 수행에 대한 높은 완성도, 미주 및 글로벌 유지 보수 대응 능력, 초급속 충전 기술력(350kW), 세계 일류 완성차 기업들과의 기술 협력 성과, 국제 표준 규격을 준수한 결제 시스템의 높은 정보 보안 및 안정성 등을 인정받아 다국적 기업을 제치고 가장 높은 수주 물량을 확보한 것으로 알려졌다.

시그넷이브이가 올해 북미에 구축하는 충전인프라는 자동결제시스템(PnC) 및 에너지 관리 시스템(DR) 기능이 탑재돼 사용자 편의 제고는 물론 효율적인 전력 관리 시스템이 구현될 예정이다.

(3) 시그넷이브이, 전기차용 'K충전기' 시대 열다[29)]

우리나라 중소기업 시그넷이브이가 글로벌 전기차 충전기 시장에서 한국의 위상을 떨치고 있다. 글로벌 업체들과 경쟁에서 세계 유수의 완성차와 충전서비스 업체의 협력사 자리를 꿰차며 연이어 대량의 공급물량을 따냈고, 새로운 충전기술(표준)이 등장할 때마다 강장 빠른 기술 대응으로 해외 시장에서 사업 영역을 확대하고 있다.

29) 전자신문, 2020.09.21.

시그넷이브이에 따르면 2013년부터 최근까지 국내외 판매한 충전기 물량은 1만 6728기(수주 기준)다. 이 중에 약 1만 2000기가 급속/초급속 충전기로 글로벌 충전기 업계 시장점유율이 5위권 이내다. 국내 기업 중 다년간, 꾸준하게 해외 수출 실적을 올린 건 이 회사가 유일하다.

3. 중앙제어

1) 기업 개요

(1) 회사 소개

중앙제어는 1987년 설립된 산업용 제어시스템 전문기업으로 출발하여, 국내 최초로 2010년대 초 전기차 충전기를 자체 개발한 바 있는 기업이다. 중앙제어는 조명·전력제어 기술을 기반으로 일찍부터 충전 인프라 사업에 뛰어들었고, 완속 충전기부터 급속 충전기까지 다양한 제품을 출시했다. 2020년대에 들어서는 국내 대기업인 롯데그룹이 중앙제어를 인수하여 전기차 충전 사업을 강화했다. 이후 2022년 중앙제어는 이브이시스(EVSIS)라는 새로운 사명과 브랜드를 출범하며, 롯데그룹의 모빌리티 자회사로 재도약을 선언했다.

(2) 주요 제품

① 전기자동차 충전기 종합 운영 관리 플랫폼

빌딩(공동주택)의 운영 관리 시스템과 연계하여, 사용한 전기요금을 해당 세대의 관리비에 합산해 청구할 수 있으며, Wall-pad 또는 Mobile App을 통해 충전 상태를 관리할 수 있는 전기자동차 충전기 종합 운영 관리 플랫폼.

출처: 중앙제어 홈페이지

② EMS 연계 통합 System 구성

- 전기 자동차 지능형 충전기 운영 시스템
- EMS(Energy Management System)

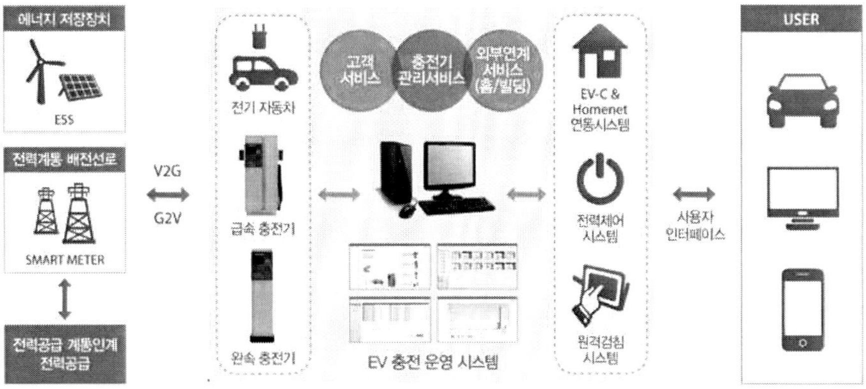

출처: 중앙제어 홈페이지

③ 네트워크 구간 암호화 충전 플랫폼

- 전기차 충전설비 컴퓨팅 기반 정보 보호를 위해 검증필한 암호모듈을 탑재 하여, 디바이스와 운영센타 간 데이터 암호화(보안 터널 구성)
- 보안모듈 구축으로 상호 운영 안전성 확보
- POS(Point of Sales)의 신용카드, T-money 정보 유출 및 해킹을 차단하고, 기밀성, 무결성, 출처인증 등을 지원
- 중앙제어 제품 암호화 모듈 적용 및 KC인증 완료(국내 최초)

EVSIS는 롯데정보통신의 자회사로 편입된 후 대규모 자본과 유통망을 바탕으로 공격적인 사업 확장을 하고 있다. 2023년 EVSIS는 국내 충전기 제조 시장 매출 1위를 기록하며 존재감을 보여주었다. 이는 롯데의 인수 3년 만에 거둔 성과로, 그룹 차원의 지원과 기존 중앙제어의 기술력이 결합된 결과다. EVSIS는 완속·급속 충전기 풀라인업을 구축함과 동시에, 자체 충전 운영 플랫폼(백엔드 시스템)도 개발하여 통합 솔루션을 제공하고 있다. 특히 롯데그룹 산하의 롯데마트, 롯데백화점, 롯데물산 건물 등 다양한 계열사 인프라에 충전기를 설치하면서 안정적인 판로를 확보했다. 전국에 걸친 유지보수망을 갖추고 24시간 고객센터를 운영하는 등 서비스 측면에서도 강점을 내세운다.

2) 사업 동향

(1) 중앙제어, 美 BTC파워와 계약 체결, 유럽 전기차 충전기 시장 진출[30]

30) 전자신문, 2021.04.05.

중앙제어는 미국 BTC파워와 협력관계를 구축, 올해 하반기부터 유럽 시장에 급속충전기를 공급하게 됐다. 지금까지 국내 업계의 단기간 일회성 수출은 다수 있었지만, 안정적 공급처를 확보한 건 드문 일이다. BTC파워는 이번 중앙제어와 협력을 통해 급속 충전기 제품 라인업을 강화, 유럽 시장 공략에 적극 나설 방침이다. BTC파워는 이미 중앙제어와 OEM을 통해 50-100kW 충전기를 개발하고, 지난해 미국, 독일에서 다수 완성차 별 충전테스트를 통한 성능검증까지 마친 상태다. 여기에 중앙제어는 최근 국내 업계 처음으로 최고 수준 전자파 등급인 'EMC CLASS-B'기반 CE인증을 획득했다. 이는 국내 업체들이 주로 채택한 산업용 기준의 전자파 인증'EMC CLASS-A'보다 한 단계 높다.

한편 업계는 글로벌 전기차 충전기 시장이 올해 약 33억달러 규모에서 2030년 220억 달러로 연평균 24%의 성장세를 이어갈 것으로 전망하고 있다.

4. 차지비

1) 기업 개요

(1) 회사 소개

㈜차지비(ChargeEV)는 전기차 충전소 구축, 관제시스템 운영, 충전 멤버십 서비스, 카셰어링 제공 등 전기차 충전에 필요한 EV 통합 서비스를 제공하는 기업이다. 2016년 설립된 ㈜차지비는 전기차 충전 플랫폼을 개발해 왔다. 지난 2019년 2월 산업통상자원부가 선정한 규제 샌드박스 임시허가 1호 기업으로 선정되며 화제에 올랐다. 차지인은 과금형 콘센트를 개발한 국내 유일의 회사다. 현행법에서 한국전력공사만 전기를 사고팔 수 있도록 제한하고 있어 그동안 이같은 사업 모델이 상용화되기 어려웠다. 당국으로부터 규제 샌드박스 허가를 받으며 새로운 시장의 물꼬를 튼 것이다. 전기차 소유주 입장에선 고질적인 배터리 충전 문제를 해결하는 동시에, 전기를 훔쳐 쓴다는 비난에서도 자유로워질 수 있게 됐다. 차지인은 환경부 완속 충전 보조금 사업, 현대오일뱅크 주유소 급속 충전소 사업 등도 동시에 진행 중이다. 2020년에는 제주 지사를 설립해 전기차 충전 사업에 필수적인 콜센터를 직접 구축했다. 나날이 늘어나는 전기차 충전 수요에 대응하고자 빅데이터 분석과 인공지능(AI)을 도입하기도 했다.

(2) 주요 서비스

기존 기업 고객을 대상으로 서비스를 제공하는 BtoB 중심의 전기차 비지니스를 BtoC 영역으로도 확대하고 있다. 차지비 멤버십에 가입하면 전기차 충전을 위한 조회, 예약, 결제 등 다양한 서비스를 전용 앱을 통해서 이용할 수 있다. 차지비 앱은 통합 관제센터

를 구축하여 충전정보를 분석하고 운전자 주변에 사용 가능한 충전기 위치와 사용 현황 정보를 실시간으로 제공한다. 현재 사용 가능한 가까운 충전소까지 길을 안내해 주거나, 원하는 시간에 충전을 할 수 있도록 예약도 가능하다. 카셰어링 서비스도 이용이 가능하여 차량 예약과 요금 결제가 가능하다. 이 외에도 콜센터 연결, 파손 신고, 환경부 운영 충전소 이용을 위한 충전기 유지보수, 충전 서비스, 충전기 카운셀링, 위치정보 등도 부가기능으로 제공하고 있다.

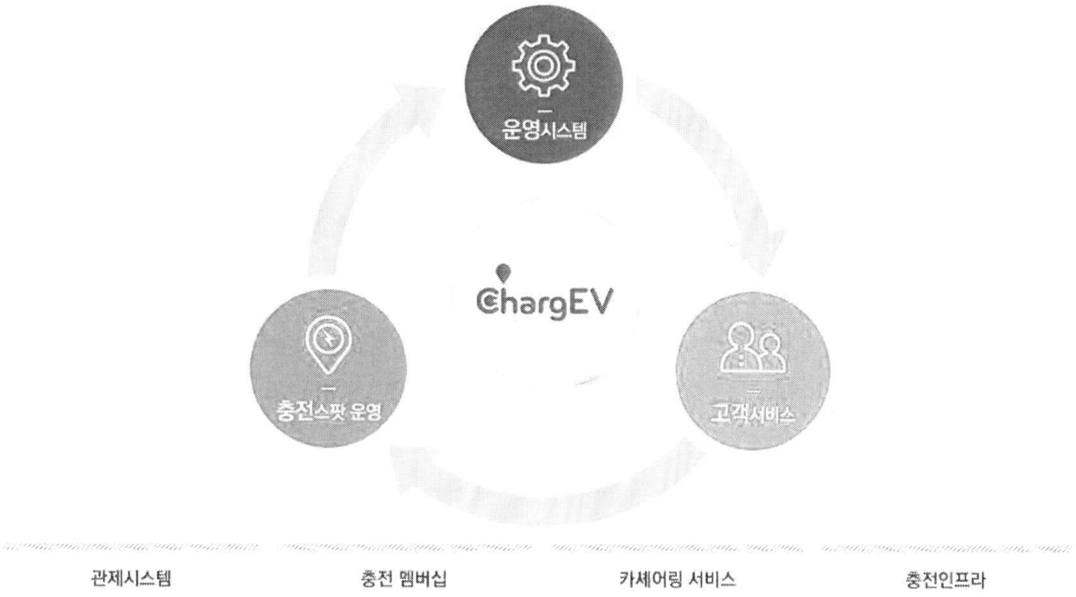

이미지 출처: 차지비 홈페이지

(1) 스마트폰 APP을 통한 직관적인 사용자 환경 제공 : 충전소 위치 및 실시간 사용 가능 여부를 확인 할 수 있고 충전기 예약 사용 지원 충전상태 확인 및 멤버십과 연동한 다양한 알림서비스를 이용할 수 있다.

(2) 충전기 원격 제어를 통한 다양한 고객지원 : 충전기내충전기내 통신장치를 통한 실시간 고장 여부 확인 및 조치 콜센터를 통한 충전기 원격 제어로 다양한 사용상의 변수에 대응을 하고 충전 트래픽 모니터링 고객 안내 서비스를 제공한다.

(3) 국제표준규격형 충전기 혜택 : 충전 케이블 일체형 충전기 사용 케이블 탈부착 과정에서의 안전사고 방지 사용 편의성을 강화했다.

2) 사업 동향

(1) KT, 차지비에 16억 지분투자, 전기차 충전사업 간접 참여[31]

31) 전자신문, 2020.12.30.

KT가 국가 전기차 충전서비스 사업자인 한국충전서비스에 이어 차지비에 지분투자를 단행했다. 차지비는 지난 10월 KT가 정부 보조금 사업을 통해 확보한 5800개 충전기 운영권을 인수한 업체다 이로써 KT는 환경부가 지정한 유력 충전사업자 두 곳의 대주주가 됐다. 앞으로 KT는 전기차 충전서비스 분야 직접 사업 참여보다는 협력 사업에 무게를 둘 것으로 전망된다.

충전 업계에 따르면 KT가 최근 차집에 16억 8000만원 규모 지분투자를 단행했다. 투자 지분율은 약 15% 수준으로 알려졌다. 이번에 KT가 차지비에 투자한 자금은 지난 10월 차지비가 KT로부터 충전인프라 운영권을 넘겨받을 때 지불했던 15~20억원과 비슷한 규모다. 결국 KT는 정부 보조금 사업을 통해 확보한 충전시설 운영권을 차지비에 매각하는 대신 그 만큼의 자금을 차지비에 투자한 것으로 풀이된다.

특히 이번 투자 유치로 차지비는 KT와의 충전서비스 통합을 통해 약 5만 명의 회원 확보와 전국에 약 1만기의 완/급속 충전기를 서비스하는 국내 최대 사업자 대열에 올랐다. 차지비 충전브랜드'차징메이트'와 KT충전서비스는 2021년 1월부터 통합 운영되며 이용자는 1kW당 기존 요금보다 26원 저렴해진 충전요금 229원에 충전시설을 이용할 수 있다.

차지비는 지난해 포스코ICT전기차 충전사업부가 분사한 회사로 국내 충전사업자 중 가장 많은 완성차 업체를 충전 분야 파트너사로 두고 있다.

(2) '전기차 충전 플랫폼' 차지인, 코스닥 상장 나선다[32)]

전기차 충전 플랫폼 기업 '차지인'이 기업공개(IPO)를 추진한다. 빌딩, 아파트 주차장 콘센트를 전기차 충전에 활용하는 '과금형 콘센트'를 개발하며 시장의 기대를 한 몸에 받고 있다. 차지인은 코스닥 시장에 상장하기 위해 삼성증권과 대표 주관 계약을 체결했다고 밝혔다. 양 사는 전담인력을 꾸려 본격적인 IPO 준비에 나설 방침이다. 차지인은 과금형 콘센트를 앞세워 규제 샌드박스 임시허가 1호에 선정된 바 있는 기업이다. 과금형 콘센트는 내가 사용한 전기차 충전요금을 직접 낼 수 있는 시스템이다. 지하주차장을 포함한 일반 주차장에서 전기차를 충전할 때 전기를 훔쳐 쓰는 이른바 '도전'논란에서 벗어날 수 있다.

차지인은 과금형 콘센트와 함께 환경부 완속 충전 보조금 사업, 현대오일뱅크 주유소 급속 충전소 사업 등도 진행 중이다. 지난해 제주 지사를 설립, 전기차 충전 사업에 필수적인 콜센터를 직접 구축했다. 빅데이터 분석과 인공지능(AI)을 도입해 급증하는 전기차 수요에 대응 중이다.

---

32) 매경뉴스, 2021.03.25. / 마켓인사이트 2021.03.26.

2023년 말 GS차지비는 새로운 대표를 선임하며, 슬로건을 "충전, 그 이상의 연결"로 내걸고 차세대 충전 플랫폼 혁신을 천명했다. 이는 충전 중 쇼핑이나 외식 서비스 연결, 차량 정비 연계 등 부가가치를 창출하는 방향으로 서비스 확장을 의미한다. 또한 충전소 운영 데이터를 활용해 최적 입지 추천, 전력 부하 예측 등 데이터 비즈니스로의 발전 가능성도 모색 중이다. 향후 GS차지비는 국내 선두 지위를 유지하는 동시에, 필요 시 해외시장에도 진출하여 GS그룹의 에너지 사업 글로벌 전략과 연계할 잠재력도 갖추고 있다.

5. 파워큐브코리아

1) 기업 개요

(1) 회사 소개

㈜파워큐브코리아는 2007년에 설립된 회사로 전기자동차 이동형 충전기를 핵심사업모델로 하는 중소기업청이 선정한 우수중소기업이다. 경기 의왕시 포일동 인덕원IT밸리에 위치하고 있으며, 전기 전자 제조 설계 판매 및 S/W개발 사업을 하고 있다. 파워큐브 전기자동차 이동형 충전기는 한국전력과 국내 최초/유일하게 시스템 연동으로 아파트 등 지하주차장의 콘센트를 이용하여 전기차 충전을 하지만 충전요금은 전기차 소유주에게 부과되는 분리과금시스템이다. 전기자동차 사용 증가 및 정부의 친환경 전기자동차 보급 확대 정책에 힘입어 환경부에서 이동형 충전기 구매보조금을 지원하고 있어 장래가 촉망되는 기업이다. 또한 이동형 전기차 충전기, 급속 및 완속 충전기, 전기차 충전 서비스 모니터링 및 관리 등 국내 전기차 소비자들이 충전 이용에 불편함이 없도록 다양한 업무를 진행하고 있다.

현재 전국 여러 아파트 단지에 파워큐브의 콘센트형 충전 솔루션(EV-Line 서비스)이 도입되어, 2024년 기준 16만 개 이상의 충전 가능 지점을 확보했다고 알려져 있다. 이처럼 저비용 분산형 충전망을 구축한 점이 파워큐브의 차별점이다. 또한 자체 모바일 앱(파워큐브차저)을 통해 주변 충전 가능 콘센트를 찾고 결제할 수 있게 하는 등 IT 서비스도 제공한다.

물론 파워큐브는 완속 충전에 특화된 업체이지만, 최근에는 통합형 충전기로 영역을 넓히고 있다. 통합형 충전기란 이동형처럼 보이지만 벽에 고정 설치되는 형태로, 아파트 등에서 지정 주차면에 설치해 개인 전용으로 쓰거나 공용으로 개방할 수도 있는 제품이다. 출력은 3~7kW급 완속이고, 운영 효율을 높이기 위한 원격 관제시스템을 지원한다. 파워큐브코리아는 환경부의 완속 충전기 보급 사업에도 참여해 물량을 공급하고 있으며, 충전 운영사업자로서 환경부 등록을 마쳐 공용 충전기 서비스도 시작했다.

(2) 주요 제품

① 이동형 충전기

전기자동차 이동형 충전기 'EV-LINE'은 전자태그로 불리는 무선인식기(RFID)를 통해 장소에 구애받지 않고 한전 전력망이 구축된 지역에서 자유롭게 전기자동차를 편리하게 충전할 수 있는 충전기이다. 관리센터에 등록된 집이나 식당, 카페 등에서 전기자동차를 세워두고 이동형 충전기' EV-LINE'을 통해 전기자동차를 충전한다면, 무선인식기(RFID)를 통해 전기자동차 충전 정보를 공유하여 이때 사용된 전기요금은 모두 관리센터를 통해 이용자에게 직접 부과된다. 충전기기 속에 전력량을 확인할 수 있는 계량시스템과 loT통신서버를 탑재하고 있어 충전량과 이용장소 등에 대한 정보를 실시간으로 모니터링 관리해준다. 스마트폰 애플리케이션을 사용하면 충전 설정 및 금액 확인·주변 충전소 확인이 가능하다.

EV-LINE'은 전용 주차장이 있어야만 가능했던 고정형 충전기와 달리 공동 주차장의 기존 전원 콘센트에 인신 장치인 무선인식기(RFID) 태그만 부착하면 어디서나 충전이 가능하도록 만들어주는 솔루션으로 별도의 충전설비 구축이 필요 없이 간단하게 이용할 수 있다.

파워큐브코리아 이동형 충전기(좌), 공용 충전기 (우), 출처: 파워큐브코리아 홈페이지

파워큐브코리아는 지방자치단체 협조 공문을 건물 관리사무소에 전달하여 무선인식기(RFID) 원리의 충전 포인트를 설치하고 있다. 건물 관리자는 입주자 대표회의 상정 및 결정 결과를 수용하여 지정된 콘센트에 무선인식기(RFID) 태그를 부착한다. 이후 한국전력공사(한전) 지사에 전기 사용 신청서를 제출해 승인이 이뤄지면 EV-LINE 충전기 사용

인프라 구축이 마무리된다. 전기차 운전자는 무선인식기(RFID)가 탑재된 콘센트에 한해 EV-LINE 이동형 충전기 제품 사용이 가능하다. 전기차 충전뿐만 아니라 스마트폰 등 휴대용 전자기기나 전동 휠체어, 전기 스쿠터, 디젤 발전기를 사용하는 공사 현장 장비나 차량용 냉난방 전원으로 사용할 수 있다. 2020년 기준 전국 5,242개 아파트에 13만 92개 전자태그 및 이동형 충전소 설치를 완료하였다.

② 공용 충전기

파워큐브코리아는 환경부 지정 공식 전기차 충전 인프라 지정업체로 아파트 및 공동 주택에 무상 인프라 설치를 진행한다. 공용 충전기는 완전 개방과 부분개방으로 구분되는데 완전 개방은 공영주차장, 휴게소 등 충전을 위해 차량 출입이 자유로운 곳이고 부분 개방은 아파트 등 해당 지역에 거주하는 다수인을 위한 용도이다.

③ 고속이동형 충전기

제품의 이름은 고속 이동형 충전기 EV-LINE Ⅲ다. 국내에서 판매하고 있는 이동형 충전기 중에서 충전 속도가 가장 빠르다. 무려 최대 7kW/h까지 가능하며 국내에서 첫 번째로 출시한 제품이다. 고속 이동형 충전기를 사용하기 위해서는 전용콘센트(알파콘)을 설치해야만 사용이 가능하다. 하지만 이 제품은 이동형 고속 충전기로 휴대성과 편리성을 가지고 있다. KC전기안전인증, KTC 계량기 형식승인(국가기술표준원 기준)을 인정받아 신뢰할 수 있는 제품이다.

④ 과금형 콘센트

과금이 가능한 이동형 충전기 및 비상용 케이블로 NFC 인증과 앱 충전 지원이 가능하다. 계량기가 내장되어 현장 과금 가능하고 블루투스로 사용자 인증한다.

2) 사업 동향

(1) KTC, 파워큐브코리아에 전기차 충전기 형식승인서 수여[33)]

한국기계전기전자시험연구원(KTC)이 11일 전기자동차(EV) 충전기에 대해 최초로 형식승인서를 발급했다. 전기차 충전기 형식승인 1호는 파워큐브코리아의 교류 고정형 전기차 충전기로 주로 아파트에 설치된다.

한찬희 파워큐브코리아 대표는 "안전과 품질이 제일 중요하다"며 "그동안 중국산 저가

---

33) 전기신문. 2020.02.10.

단말들이 국내에 마구자비로 수입·유통됐는데 나중에 누전 등 안전문제가 발생했을 때 책임 부분이 애매해진다. 제품 보장성과 이용자 신뢰성을 강화시켰다는 데 있어 형식승인은 반드시 필요하다"고 말했다.

형식승인은 계량에 관한 법률에 따라 산업통상자원부 장관이 지정한 품목을 법정계량기로 지정하고 성능을 관리하기 위한 제도다. 법정계량기는 계량법 시행령 제10조 별표7에서 정한 계량기로 전기차 충전기를 포함 총 13개 품목으로 관리되고 있다. 전기차 충전기는 지난해 5월 13번째 계량기로 지정돼 올해 1월 1일부터 제조·수입되는 충전기의 경우 형식승인을 받아야만 판매 및 유통이 가능하다.

전기차 충전기가 법정계량기로 지정됨에 따라 형식승인을 통해 1% 이내의 오차 성능을 검증받은 충전기만 보급될 예정이기 때문에 공정성이 확보될 것으로 기대된다. 제대식 KTC 원장은 "전기차 충전기 형식승인 제도를 통해 국민들이 전기차 충전 성능을 신뢰할 수 있고 보다 편리하게 전기차 충전 인프라를 이용할 수 있도록 신속하고 정확한 인증이 진행될 수 있도록 하겠다"고 말했다.

(2) 파워큐브코리아, 전기차 이동형 충전기 '집밥' 인프라 구축…공사 불필요[34)]

국토교통부는 '주택건설기준 등에 관한 규칙·규정' 개정안을 시행하고 30가구 이상 신축 아파트에 이동형 전기차 충전기를 이용할 수 있는 콘센트 설치를 의무화했다. 설치 대수 역시 2%에서 4%로 상향 조정됐다. 이에 따라 '이동식 충전기'가 각광받고 있다. 이동형 충전기는 완속·급속충전기보다 설치비용이 저렴하고 별도의 배전 용량 증설 공사 없이 충전이 가능하다는 것이 장점이다. 또 전기차 전용 주차 구역 점유, 전기공급설비 전력 한도 증설 등의 문제도 기존 인프라내에서 해결할 수 있다.

이동형 충전기의 플러그를 220V 콘센트에 연결하고 이동형 충전기의 손잡이를 전자태그에 갖다 대면 차량소유주를 인식해 충전을 할 수 있다. RFID 태그가 부착된 콘센트라면 어느 곳이든 전기차비용은 충전하는 개인에게 부과된다. 때문에 전기요금으로 인한 아파트관리사무소나 타 입주민에게는 불이익을 주거나 불편사항이 없다.

이동형 충전기를 사용하는 절차는 간단하다. 사용자가 충전사업자를 통해 한전에 아파트 주차장 의 콘센트에서 전기차 충전 요금을 따로 낼 수 있도록 모자분리 신청과 동시에 가입 및 개통 후 사용하면 요금이 자동적으로 매 달 부과된다.

업계에서는 올해 국내 전기차 보급대수 10만대를 돌파할 것으로 예상하고 있다. 이에 따라 전기차 충전 인프라도 동반 성장하고 있다. 이동형 충전기는 별도의 전기차 전용주

---

34) 데이터넷. 2020.03.11

차면이 필요 없기 때문에 전기차 충전으로 인한 입주민 간 분쟁 발생 우려가 적어 전기차 확대 보급에 큰 역할을 할 것으로 기대하는 것이 한 업계 관계자의 설명이다.

그 중 일반 220V 콘센트를 이용한 충전 사업을 펼치고 있는 파워큐브코리아가 주목 받고 있다. 파워큐브코리아는 현재까지 전국 5242 아파트에 13만92개의 전자태그 및 이동형 충전소 설치를 완료한 업체로 고정형 충전기 또한 9000여 곳에 설치 완료하여 전국 1위의 전기차 충전 인프라를 구축하고 있다.

한편 파워큐브코리아는 올해 일부 지역 빌라, 연립주택 등에 전기차 충전 인프라를 무료로 설치해줄 예정이다. 실질적으로 충전 혜택을 받지 못한 경제적 약자 계층에게 사회환원의 일환으로 본격적인 사업을 추진한다는 계획이다.

6. 에버온

1) 기업 개요

(1) 회사 소개

에버온은 2013년부터 국내 최초로 전기차 공유 서비스를 시작했으며, 전기차 운영 경험을 기반으로 전기차 충전서비스를 제공하고 있다. 에버온 전기차 충전 시스템은 바일 앱을 통해 충전 예약을 진행하고 충전소 방문 후 예약한 충전기로 전기차를 충전하는 방식으로 운영된다. 에버온은 전기자동차와 충전기 관제시스템에 대한 오랜 경험 및 운영 경험을 바탕으로 ㈜엘지씨엔에스, 한국전력공사, 한국수력원자력 등에 전기차 셰어링 솔루션을 구축하고 유지보수하는 서비스를 공급하였으며, 2017년 환경부의 1차 전기차 충전서비스 사업자에 선정된 이후에는 7천기 이상의 완속충전기 및 급속충전기를 설치, 운영, 관제하며 고객서비스를 제공하고 있다.

에버온 사업 분야, 출처: 에버온 홈페이지

에버온은 향후 스마트 모빌리티 서비스의 한 축을 담당하고자 그동안 축적된 전기차와 충전기에 대한 관제, 고객만족도 제고 활동 및 충전기술, 시스템 개발 노하우를 바탕으로 전기차 충전서비스의 고도화를 위한 연구개발 및 다양한 서비스 개발을 위해 노력하고 있다.

기존의 환경부 충전서비스 사업과 솔루션 구축, 운영 사업의 내실을 탄탄히 하는 한편, 기업체 전용 충전기 설치 및 관제사업, 신축 아파트의 충전기 위탁관제 사업 등 새로운 충전서비스 사업과 함께 업무용 전기차를 다수 보유하게 될 사업장을 위한 기업체 전용 전기차 공유 시스템 개발 및 운영사업, 전기 이륜차용 배터리스테이션 구축 및 관제서비스 제공 사업 등 모빌리티의 전동화와 스마트화와 관련된 다양한 신규 사업들을 추진하고 있다

(2) 주요 서비스

에버온의 강점 중 하나는 일찌감치 전기차 공유 서비스를 실시해 다양한 고객 및 전기차 운영 데이터를 확보하고 있다는 점이다. 자체적으로 전기차 서비스 플랫폼도 구축하고 5만 명 이상의 회원을 대상으로 다양한 고객 서비스를 제공했다. 이렇게 축적된 데이터를 기반으로 안정적인 전기차 및 충전소 운영 관리가 가능하게 됐다.

에버온 충전기, 이미지 출처: 테크월드 온라인 뉴스

2012년과 2016년 서울시 나눔카 사업자로 선정돼 170여 대를 운행한 경험도 갖고 있다. 2014년 법인용 전기차 공유 서비스를 선보이면서 엘지씨앤에스의 전기차 공유 서비

스 운영을 맡았다. 2015년 한국전력에 이어 2016년 한국토지주택공사, 2017년 한국수력원자력에 전기차 공유 솔루션을 공급했다. 하지만 2021년 현재, 전기차 공유 부분을 코발트스카이에 매각하며 에버온이 추진하는 핵심 사업은 충전소 인프라가 되었다. 정부가 국가 전략사업으로 밀어붙이고 있는 전기차 보급을 확대하기 위해선 무엇보다 전국 곳곳에 충전소를 지어야 한다.

업계에서는 국내 전기차 보급 대수가 해마다 점점 증가해 2022년에는 43만 대를 웃돌 것으로 예상하고 있다. 정부의 전기차 육성 사업 장기 플랜에 따르면 전기차 충전기는 2019년 전국적으로 4만 8000대, 2022년에는 두 배에 가까운 9만 대가 설치될 것으로 예상된다. 전기차는 유지비가 저렴한 데다 미세먼지도 유발하지 않는 친환경 교통수단이다. 전기차 보급에 가속도가 붙으면서 관련 인프라 시장도 빠르게 성장하고 있다. 에버온은 2017년부터 환경부의 충전인프라 사업자로 지정돼 2018년까지 충전기 3500여 대를 설치·관리하고 있다. 환경부가 연내 공용 완속충전기(7㎾) 1만2000대를 보급할 예정이어서 에버온은 2000대 이상을 수주할 것으로 알려졌다.

2) 사업 동향

(1) 에버온 "전기차 토털 서비스업체로 도약"[35)]

2012년 설립된 에버온은 전기차 충전서비스 업체다. 이 회사는 빠르게 다가오는 전기차 시대에 맞춰 충전 인프라 확대에 나서고 있다. 3년 연속 환경부의 전기차 충전서비스 사업자로 선정된 에버온은 내년부터 자체적인 전기차 충전 인프라 구축에 나서기로 했다.

에버온의 강점 중 하나는 일찌감치 전기차 셰어링 서비스를 실시해 다양한 고객 및 전기차 운영 데이터를 확보하고 있다는 점이다. 자체적으로 전기차 서비스 플랫폼도 구축하고 5만 명 이상의 회원을 대상으로 다양한 고객 서비스를 제공했다. 이렇게 축적된 데이터를 기반으로 안정적인 전기차 및 충전소 운영 관리가 가능하게 됐다. 2012년과 2016년 서울시 나눔카(이지고) 사업자로 선정돼 170여 대를 운행한 경험도 갖고 있다.

2014년 법인용 전기차 셰어링 서비스를 선보이면서 LG CNS의 전기차 셰어링 서비스 운영을 맡았다. 2015년 한국전력에 이어 2016년 LH(한국토지주택공사), 2017년 한국수력원자력에 전기차 셰어링 솔루션을 공급했다.

에버온이 추진하는 핵심 사업은 충전소 인프라와 관련이 깊다. 정부가 국가 전략사업으로 밀어붙이고 있는 전기차 보급을 확대하기 위해선 무엇보다 전국 곳곳에 충전소를 지어야 한다. 업계에서는 올해 국내 전기차 보급 대수가 총 10만 대에 이르고 2022년에

---

35) 한국경제, 2019.10.07.

는 43만 대를 웃돌 것으로 예상하고 있다. 정부의 전기차 육성 사업 장기 플랜에 따르면 전기차 충전기는 올해 전국적으로 4만8000대, 2022년에는 두 배에 가까운 9만 대가 설치될 전망이다.

유 대표는 충전 인프라 시장을 선점하기 위해 이르면 내년 상반기부터 자체적으로 충전기를 설치하는 사업을 추진할 계획이다. 이를 위해 투자 유치도 내부적으로 검토하고 있다. 또 정부가 보조금을 주지 않는 기업 간 거래(B2B)를 포함한 민간 시장 공략도 강화할 계획이다. 충전기 위치를 알려주고 충전 서비스를 편하게 받을 수 있는 앱(응용프로그램)도 개발했다.

(2) 의료기기산업협회-에버온, 그린뉴딜 위한 MOU[36)]

한국의료기기산업협회(회장 이경국)가 에버온(대표 유동수)과 22일 서울시 강남구 삼성동 소재 협회 대회의실에서 업무협약을 체결했다고 밝혔다. 이번 협약식은 정부의 '그린 뉴딜' 정책에 발맞춰 의료기기산업계의 환경경영 실천을 위해 전기차 인프라 확충과 이를 활성화하기 위해 마련됐다.

주요 업무협약 내용은 △전기차 인프라 확충 △전기차 및 충전 인프라 활용 방안 마련 및 건의 △의료기기 기업의 전기차 및 충전 인프라 관련 규제 및 시장변화 대응을 위한 컨설팅·세미나 개최 등으로, 양 기관은 상호 증진 및 협력의 필요성이 인정되는 모든 사업에 협력하기로 했다.

에버온 유동수 대표는 "의료기기와 전기차 산업은 미래 산업의 핵심이라는 공통점이 있다"며 "에버온은 전기차와 충전기 관제시스템에 대한 오랜 경험과 그간 축적한 노하우를 바탕으로 의료기기 기업의 환경경영실천을 돕고 협회와 협력해 양 산업의 발전과 경쟁력 향상을 위해 최선을 다하겠다"고 전했다.

에버온은 기술 표준에도 참여하고 있다. 2024년 초 에버온의 연구개발 조직 바이온에버(Bionever)는 차세대 충전 통신 표준인 ISO 15118-20 구현을 완료했다고 발표했다. 이는 Plug&Charge, V2G 등을 지원하는 첨단 프로토콜로, 에버온은 이를 충전기와 백엔드에 적용해 향후 서비스에 활용할 예정이다. 또한 에버온은 외부 투자 유치에도 성공하여 2023년 산업은행 등으로부터 500억 원 규모의 자금을 확보했다. 이를 통해 충전 인프라 확장과 신사업 개발에 박차를 가하고 있으며, IPO 가능성도 거론된다. 향후 에버온은 스마트 충전 솔루션 분야의 유니콘을 꿈꾸며, AI와 클라우드 기반의 최적화 기술로 국내 시장 1위를 넘어서 해외 진출까지 노리고 있다.

---

36) 보건뉴스, 2021.02.23.

7. 한국전기차충전서비스

1) 기업 개요

(1) 회사 소개

한국전기차충전서비스㈜는 2015년에 설립되어 에너지 신산업 육성정책 실현을 위해 정부 주도로 설립된 전기자동차 전문회사로서 한국전력공사(KEPCO), 기아자동차㈜(KIA Motors Corporation), ㈜케이티, ㈜디스플레이테크(Display Tech.)가 자본을 출자하여 전기자동차 보급 확산을 위한 충전 인프라 구축, 충전기 운영과 유료서비스 제공, 전기자동차 충전 관련 플랫폼 사업 및 충전기 관리 서비스를 주요 사업으로 하고 있다.

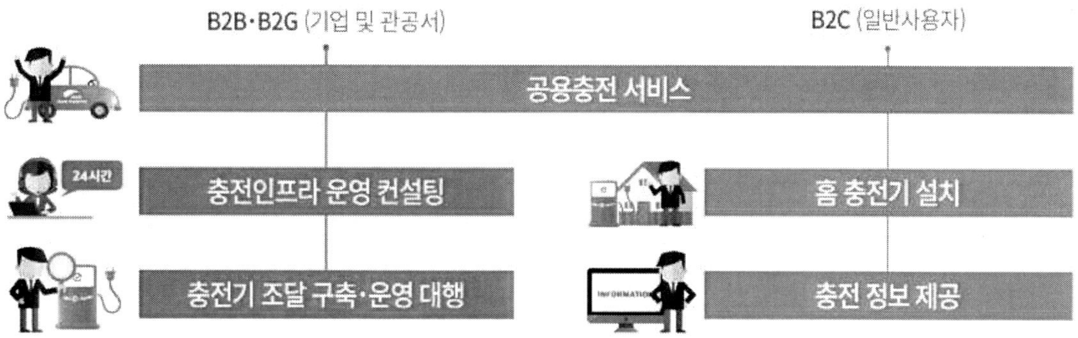

사업분야, 출처: 한국전기차충전서비스 홈페이지

한국전기차충전서비스㈜는 설립 이래 약 12,000기 이상의 공용, 비공용 충전기를 설치하고 전국 약 500기의 급속충전기를 자체 구축하여 운영하고 있으며 50,000명 이상이 멤버십인 해피차저카드를 사용하여 전국 23,000기 이상의 충전기에 대한 로밍서비스를 이용하고 있다. 그 밖에도 해피콜을 설치하여 24시간 서비스를 제공하고 있고, 충전기 제조사와는 물론 전국 권역별 협력업체와 서비스 네트워크를 구성하여 신속한 고객서비스를 제공하고 있다.

(2) 주요 서비스

① 해피차저 멤버십

해피차저 멤버십은 개인을 대상으로 한 한국전기차충전서비스㈜의 멤버십 서비스로 해피차저에 가입한 고객은 전국 해피차저 충전소 및 이용협약을 맺은 타사 충전소에서 편리하게 충전할 수 있다. 이용 가능한 타사 충전소는 한국전력공사, 환경부, 제주도청 ㈜케이티, ㈜차지비(Charge V), ㈜제주전기자동차서비스(Jeju Ev Service), ㈜에버온(Evero n), ㈜지엔텔(Gntel), ㈜파워큐브코리아(Powercube Korea), 대영채비㈜(Daeyoung Ch

aevi), 에스트래픽㈜(S Traffic)이 있다.

해피차저 카드 발급은 한국전기차충전서비스㈜ 공식 홈페이지를 통해 해피차저 멤버십 서비스에 가입하면 전기자동차 충전 전용 멤버십 카드가 자동으로 발급된다. 멤버십 카드는 등기우편으로 배송되며 최초 1회 무료이며 재발급 시 별도의 비용이 청구된다. 재발급을 원하는 경우 한국전기차충전서비스㈜ 공식 홈페이지의 마이페이지 또는 고객센터에서 신청하면 되고 5,000원의 재발급비가 발생한다.

해피차저 멤버십 카드는 합리적인 가격의 요금제를 통해 경제적 충전 서비스를 제공하고 카드사 청구할인, 포인트 요금 결제 등 다양한 할인 적용이 된다. 또한 월 단위 후급 결제로 편리한 충전이 가능하다.

멤버십 충전 요금 안내

한국충전,환경부, 한국전력 충전소	제주도청 충전소	타 충전 사업자 충전소	현장결제
255.7원/kWh	250원/kWh	350원/kWh	430원 /kWh

해피차저 멤버십 과금체계, 출처: 한국전기차충전서비스 홈페이지

멤버십 충전 요금은 한국전력공사 충전소, 환경부는 225.7원/kWh이고 제주도청 충전소는 250원/kWh, 타 충전 사업자 충전소는 350원/kWh, 현장 결제는 430원/kWh이다. 충전 요금은 종량 요금제로 이용 충전량만큼 요금이 발생하고 월 단위로 충전내역을 모아 다음 달에 1회 청구되는 월 단위 누적 사용량 정산이며 결제는 회원가입 시 등록한 신용카드로 결제된다. 해피차저 카드 수령 전에 충전기를 이용할 경우 회원가입을 하고 카카오톡 알림톡을 통해 카드번호와 비밀번호가 발송되며 충전기에서 회원 번호 인증으로 즉시 이용할 수 있다.

② 컨설팅 관리

법인과 공공기관을 대상으로 한 서비스로 전국에서 관리하는 24시간 콜센터에서 완속충전기 설치 사전 컨설팅부터 유지보수, 사후관리까지 한 번에 해결해주는 원스톱 토탈 구축 서비스이다. 담당 콜센터는 연중무휴 24시간으로 운영되고 전문 상담을 통해 충전기 이용 방법 및 고장 접수 및 응대를 하고 출동 네트워크 연동, 공용충전 서비스 상담이 이루어진다.

전국 사후관리로 지역별 전문 협력사를 통한 사후관리가 제공되고 24시간 이내 연락하거나 48시간 이내 현장 방문을 실시한다. 현장 출동은 고장 처리를 위한 현장 출동 서

비스 운영으로 교체 가능한 충전기 부품 확보로 신속한 현장 조치가 가능하다.

원스톱 운영 패키지는 충전 설비를 구축하고 운영 및 유지보수 통합 서비스를 제공한다. 복잡한 계약, 운영 관리를 단일 계약과 전 프로세스 총괄 대행 방식이다. 충전기 조달 및 설치, 전기 인입 등을 하는 충전기 구축, 충전기 상태 감시, 충전 관련 정보 제공, 과금 대행을 하는 충전기 운영, 고장 대응, 사용법 안내, 멤버십 관련 안내 등의 고객 민원 응대, 전국단위 충전기 고장 대응을 하는 충전기 유지보수 등이 이루어진다.

원스탑 운영 패키지, 출처: 한국전기차충전서비스 홈페이지

③ 홈 충전기 구축관리

홈 충전기 구축관리 서비스는 공용 완속충전기의 경우 공동주택, 법인, 개인이 공용충전기 설치를 희망할 경우 정부에서 보조금을 지급하는 완속충전기의 설치를 한국전기차충전서비스㈜가 대행하고 지속해서 관리하는 서비스이다. 환경부 충전기 보조금 지원 대상자는 개인인 경우 전기자동차 구매자 또는 전기자동차 보조금 대상자이고 공용인 경우 공동주택, 법인, 개인에 해당한다.

충전기 설치절차, 출처: 한국전기차충전서비스 홈페이지

설치 내용은 표준은 충전기 설치, 전기 공사, 부대 시설 등 충전 설비 일체이고 고객 부담으로 옵션은 비가림막, 주차선 도색 등이 있다. 설치 비용의 표준은 충전기 설치 공사이고 옵션은 한전 시설 부담금으로 15만 원을 지급해야 한다. 제공 서비스는 충전기 이용 안내, 설치, 점검, 운영 대행, 고장 수리 등이 있다. 보조금 지원 단가는 완속충전기의 1기인 경우 200만 원, 2~5기는 180만 원, 6기 이상은 150만 원이고 과금형 콘센트는 기수에 상관없이 50만 원, 키오스크 충전기도 기수에 상관없이 100만 원이다. 보조금 신청 절차는 해피차저 홈페이지에 접속한 후 충전기 신청 접수를 한다.

그리고 현장 조사 및 토지 소유주/입주자 대표 승인 지원을 받고 설치 협약 체결 및 필요 서류를 작성한 뒤 충전기 설치대상 적정 여부 판단이 되면 한국환경공단 승인을 받게 된다. 충전기 설치 절차는 한국전력공사에 전기 사용 신청을 하고 충전기 설치 공사 및 운영시스템을 연동한다. 그 후 전기설비 안전점검 및 계량기 설치와 전기 인입을 하고 충전기 인계 후 시험 운전 및 사용자 교육을 진행한다. 한국전기차충전서비스㈜의 홈 충전기 구축 관리 서비스를 신청한 고객에게는 공동주택 내 입주자 대표회의 행정 지원을 하고 홈 충전기 설치 공사 및 관련 서류 절차 대행을 하며 콜센터를 통해 충전기 사후관리 서비스를 진행한다.

2) 사업 동향

(1) (그린뉴딜 선도기업) 한국전기차충전서비스[37]

한국전기차충전서비스에서는 올해부터 전용플랫폼 기반의 다양한 전기차가 출시된다. 소비자의 선택지가 늘어나 그동안의 시장과 다른 국면의 극적인 성장세를 기대해 볼 수 있다. 반면에 시장 변화에 따라 국내 유수 대기업에서도 전기차 충전산업에 동참하려고 하고 있어 기존 중소기업 위주 충전산업계에는 위기로 다가오고 있다. 이에 한국충전은 그동안 축적된 노하우를 기반으로 고객 편의성을 강화하고 서비스 품질을 높이는 등 자체 경쟁력을 키우면서 새로 합류하는 기업들과 유기적인 협력관계를 구축한다는 계획이다.

한국충전은 그간의 공급자 중심의 충전서비스에서 벗어나 고객이 편리하게 느낄 수 있는 충전서비스 제공에 힘쓸 방침이다. 이를 위해 내부적으로는 전기차 충전인프라 통합운영시스템을 대대적으로 업그레이드했으며 이를 기반으로 고객 편의성을 높일 수 있는 여러가지 신규서비스를 출시한다. 먼저 충전수요가 집중되는 최적의 장소에 공용 충전인프라를 추가해 전기차 이용고객들의 충전 불편을 해소한다. 또 품질규격 개선, 안전시설 강화 등을 통해 고객의 충전환경을 안전하고 편리하게 개선한다.

---

37) 전기신문, 2020.12.27.

환경부를 비롯한 정부의 충전인프라 보급에도 적극 동참해 공동주택, 공공건물, 공영주차장 등 고객 접근성이 좋은 위치에 충전인프라를 확대해 나간다. 또한 집이나 직장과 같이 오래 머무르는 공간에서의 기초 충전을 위해 합리적인 가격으로 홈 충전기를 납품·시공하는 원스톱서비스를 제공해 전기차 이용자가 어디에서나 불편 없이 충전할 수 있는 환경을 만들어나갈 계획이다.

한국전기차충전서비스의 급속 충전기(제주도 성산일출봉 주차장), 출처: 전기신문

코로나로 인한 비대면 거래요구가 높아지는 만큼 한국충전도 이에 대비해 온택트 충전서비스를 강화할 방침이다. 해피차저 고객센터를 EV종합안내창구로 운영함으로써 가까운 충전소 위치 검색·안내, 웹 설명서를 통한 사용방법 안내 등 다방면으로 고객서비스를 제공하기로 했다. 아울러 멤버십 고객 케어, 충전인프라 원격제어 및 실시간 상태 점검, 설비고장 시 현장 출동 등 신속하고 전문성 있는 고객 맞춤형 서비스도 공급한다.

한국충전의 공용충전멤버십서비스 '해피차저'는 올해 약 2만여 명의 신규 회원을 유치하면서 누적 가입자 수가 6.5만명을 넘어섰다. 국내 전기차가 약 13만대인 것을 고려하면 전기차 이용자 두 명 중 한 명은 '해피차저' 멤버라고 볼 수 있다.

(2) 현대차, 국내 첫 민간 충전사업자 '한충전' 인수 나섰다[38]

현대자동차가 국내 유력 전기차 충전사업자인 한국전기차충전서비스 인수를 추진한다.

---

[38] 전자신문, 2021.03.22.

국내 전기차 시장 확대에 따른 충전서비스 거점 마련과 구축 중인 초급속충전소의 안정 운영을 위해서다. 이 회사는 전국에 약 4000기의 완/급속충전기를 보급 운영하고 있는 국내 2~3위 충전사업자다.

계획대로 현대차가 한충전을 인수한다면 그동안 대주주인 한국전력공사의 반대로 확장에 제한을 받고 있는 사업의 정상화가 기대된다.

현재 한충전은 전국에 약 500기의 급속충전기를 비롯해 완속충전기까지 합쳐 약 4000기의 충전시설을 구축, 운영하고 있다. 전기차 충전서비스 '해피차저' 회원만 6만명에 이른다. 현재 국내 보급된 전기차 수가 13만대 수준인 것을 고려하면 거의 절반이 이 회사의 서비스 회원이다.

현대차가 한충전을 인수하려는 이유는 전기차 시장 확대에 따라 한충전의 기존 충전인프라를 기반으로 현대차 독자 충전서비스 확대와 유지보수/서비스 체계를 갖추기 위해서다. 여기에 개인 전용 충전기 설치/관리 지원 뿐만 아니라 현대차가 전국에 구축하고 있는 초급속충전기의 관리와 운영을 맡기기 위한 것으로 풀이된다.

현대차는 올해 전국 고속도록 휴게소 12곳과 주요 도심 8곳에 초급속충전기(350kW) 총 120기를 구축하고 있다. 대규모의 초급속시설을 구축하는 건 현대차가 유일하다. 특히 관련 업계는 현대차가 한충전 지분을 인수하면 독보적인 충전 인프라를 갖출 것으로 예상한다.

한충전은 국내 첫 충전사업자이지만 그동안 한전을 포함해 KT 등 대주주의 영향으로 공격적 기업 활동에 제한이 있었다. 한전과 KT도 자체적으로 충전 사업을 진행했기 때문이다. 업계 관계자는 "계획대로 현대차가 한충전을 인수한다면 현대차 고객의 충전인프라 접근성 향상뿐만 아니라 한충전 역시 성장 기반을 마련할 수 있을 것"이라고 전망했다.

Ⅵ. 해외 전기차 충전 인프라 업체 동향

이번 장에서는 해외의 주요 전기차 충전 인프라 관련 업체들의 동향을 살펴본다. 미국과 유럽을 중심으로 충전 네트워크 운영사, 충전기 제조사, 에너지 기업 등의 사례를 선정하였다. 이들 기업은 글로벌 시장을 선도하거나 독자적 모델로 혁신을 주도하고 있어, 한국을 비롯한 다른 나라의 업계에도 많은 시사점을 주고 있다.

1. 차지포인트(ChargePoint)

1) 기업 개요

(1) 회사 소개

차지포인트(ChargePoint)는 세계 최대 규모의 전기차 충전 네트워크 운영 기업 중 하나로, 2007년 미국 실리콘밸리에서 설립되었다. 초기부터 전기차 충전 서비스를 전문으로 한 선구자이며, 현재 북미 지역에서 가장 많은 충전 지점을 보유하고 있다. 차지포인트는 2021년 뉴욕증권거래소에 상장하며 높은 기업가치를 인정받았고, 이후 유럽 시장에도 적극 진출하여 글로벌 기업으로 성장했다.

차지포인트의 운영 방식은 분산형 네트워크 플랫폼이라 할 수 있다. 즉 차지포인트 자체가 모든 충전기를 소유하기보다, 다양한 장소의 충전기를 차지포인트 클라우드 네트워크에 연결해 관리하는 모델이다. 예를 들어 어떤 회사가 사옥 주차장에 차지포인트 충전기를 설치하면, 그 충전기는 차지포인트 앱과 시스템에 통합되어 이용자들은 이를 발견하고 사용할 수 있게 된다. 차지포인트는 이러한 장비 판매 및 서비스 구독 비즈니스 모델을 통해 수익을 창출한다. 현재 차지포인트 네트워크에 연결된 충전 포트 수는 수십만 개에 달하며, 그 중 상당수는 Level 2(완속) 충전기다. 미국에서는 상업용 완속 충전의 대명사처럼 여겨질 정도로 광범위하게 깔려 있다.

(2) 주요 충전소 서비스

① 차지포인트 홈(ChargePoint Home) : 신제품 혁신과 인간 중심의 디자인으로 Edison Award를 수상한 소형 가정용 충전기이다. 16A 및 32A 버전으로 제공된다.

② 차지포인트 홈 플렉스(ChargePoint Home Flex) : 50A 충전 지원을 추가했다.

③ CT4000 제품군 : CT4000은 건물 소유주, 기업 및 지방 자치단체에서 직원, 고객, 주민 및 차량을 위한 충전소를 제공한다. 여러 포트를 통해 전원 공유를 지원하는 것은 처음이다.

차지포인트 충전서, 출처: 차지포인트

④ CP4000 제품군 : 유럽을 위한 3상 Menneckes 충전, 최대 22kW 충전, 단일 3상 63A 회로를 공유하거나 두 개의 개별 32A 회로를 사용할 수 있다.

⑤ CPE 100 및 CPE 200 : 차지포인트 익스프레스 DC 급속 충전기는 대부분의 DC 지원 전기 차량에 대해 빠른 충전을 제공한다. 내장형 AC-DC 컨버터를 사용하여 차량 배터리를 직접 충전하고 일부 EV를 30분 이내에 충전할 수 있다. 고속 스테이션은 특히 짧은 체류 시간 주차, 고속도로 회랑 위치 및 빠른 차량 충전에 적합하다. 빠른 충전이 필요한 직원을 위해 작업장에 설치해 CT4000 스테이션을 보완할 수도 있다. 익스프레스 100은 24kW, 익스프레스 200은 50kW, 익스프레스 250은 62.5kW이며, 익스프레스 100은 CCS와 CHADEMO 모델별로 구분되어 있으며, 익스프레스 200은 더 크고 두 개의 포트가 모두 있다. Express 200은 삼중수소 라이선스를 받은 충전 설계이다.

⑥ CPF25 제품군 : CPF25는 선별된 함대(fleet) 및 다가구 애플리케이션을 위해 설계되었다. 함대의 경우 CPF25 스테이션이 디포 충전에 적합하다. 다가구 공동체의 경우 CPF25 스테이션은 지정된 주차 구역에서 개인 충전을 위한 것이다. CPF32는 유럽 타입 2 버전(단상 32A 충전으로 제한됨)이다. CPF50은 50A 충전 지원을 추가했다.

⑦ Chargepoint Express Plus 제품군 : 액체 냉각 모듈식 400kW 충전 시스템인 "Express Plus"가 2017년 1월 미국 네바다주 라스베가스에 있는 CES에서 출시되었다.

2) 사업 동향

(1) 주가 반토막난 '전기차 충전 1위' 기업…지금 사도 괜찮을까?[39)]

전기차 충전 인프라 기업 중 북미에서 시장 점유율 1위인 차지포인트(CHPT) 주가가 올해 들어 반토막 났다. 그러나 월가는 주가가 조정된 지금이 오히려 차지포인트를 매수할 기회라고 내다봤다. 전기차 인프라 대장주이기 때문에 전기차 시장이 커짐에 따라 빠르게 성장하리라는 전망이다.

차지포인트는 전기차 충전기를 만들고 설치할 뿐만 아니라 소프트웨어와 서비스 플랫폼까지 제공한다. 충전소 운영자를 위해서는 충전기를 원격으로 관리하고 기계 결함을 알려주는 소프트웨어가 있고, 운전자를 위해서는 실시간으로 충전소 위치를 확인하고 예약, 결제할 수 있는 앱을 제공한다.

지난해 9월부터 12월까지 차지포인트는 5배 가량 급등했다. 지난 9월 기업인수목적회사(SPAC)인 스위치백에너지가 차지포인트와의 스팩 합병을 발표하자 10달러 선에서 거래되던 주가가 49.48달러까지 치솟았다. 40달러 선에 안착하는가 싶었지만, 2월 들어 금리 상승과 경기 회복에 대한 기대로 주가가 빠지기 시작했다. 지난 1일 스팩 합병을 완료하고 정식으로 상장한 후에도 하락은 계속됐다. 하지만 증권업계는 가격 조정을 받은 지금이 차지포인트를 매수할 기회라고 분석했다. 충전설비부터 시장조사업체 팩트세트에 따르면 오펜하이머 등 4개의 월가 증권사가 '매수' 의견을 냈고, 평균 목표주가 42달러를 제시했다.

미국의 투자은행 코웬은 지난 9일 보고서를 내고 블링크(BLNK), 빔글로벌(BEEM) 등의 전기차 충전 기업 중 차지포인트를 탑픽으로 꼽았다. 코웬의 애널리스트 게이브 다우드는 "하드웨어 충전소뿐 아니라 충전 정보를 한번에 관리하는 소프트웨어, 자동차 브랜드에 상관없이 충전할 수 있는 통합형 네트워크를 보유하고 있어 사업 모델이 차별화돼있다"고 분석했다.

막강한 시장점유율도 강점이다. 차지포인트는 유럽과 미국의 레벨2 충전 시장에서 점유율 73%를 기록하고 있다. 2위 기업인 세마커넥트 점유율은 10%에 불과하다. 레벨2 충전소는 미국 전역 공공 충전소의 80%를 차지하는 가장 대중적인 충전소다.

---

39) 한국경제 2021.03.18

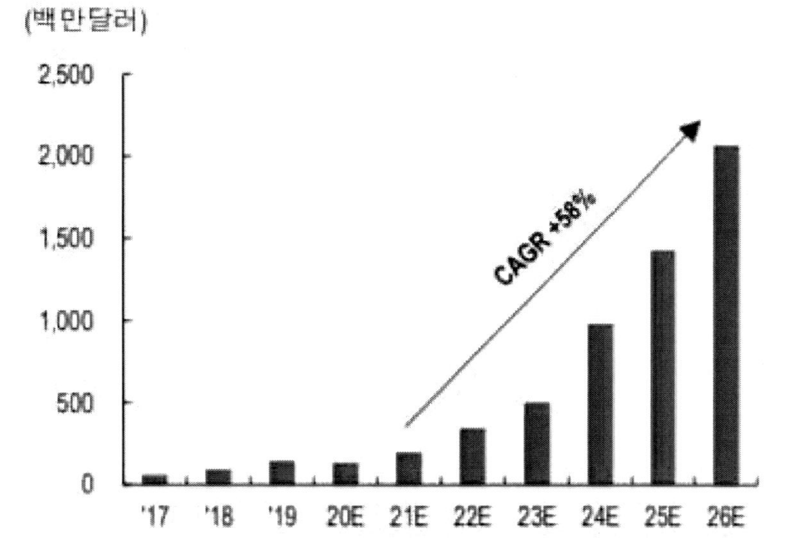

자료: 차지포인트, NH투자증권 리서치본부

차지포인트 매출액 전망. 출처: 한국경제 2021.03.18

경쟁업체 블링크와 비교할 때 주가 매력도 크다. 2022년 전망을 기준으로 블링크의 주가매출비율(PSR)은 62배다. 차지포인트는 PSR이 29배로 블링크에 비해 현저히 저평가된 상태다. 임지용 NH투자증권 연구원은 “블링크가 고평가됐음을 감안해도 차지포인트의 매출 규모와 시장점유율을 고려할 때 블링크보다 저평가될 이유가 전혀 없다”고 설명했다. 레벨2 충전소를 기준으로 차지포인트의 시장점유율은 73%로 블링크(8%)의 9배에 달한다. 2022년 예상 매출액도 차지포인트는 2억3000만달러로 블링크(2510만달러)의 9배를 넘어선다.

전기차 시장이 성장하면서 차지포인트도 자연스레 성장할 전망이다. 임 연구원은 “미국과 유럽내 전기차 침투율은 2019년 2.6%에서 2025년 9.9%, 2030년 29.2%까지 상승할 것”이라며 “차지포인트 매출액도 2021년부터 2026년 연평균 58% 성장할 것”이라고 내다봤다.

(2) "전기차 충전·관리 앱 하나로 쉽게"…미 차지포인트의 1등 비결[40]

유럽·중국에 이어 미국 정부가 '전기차(EV) 시대'를 선언하고 대규모 지원에 나서면서 글로벌 시장에서는 전기차 충전 인프라스트럭처가 핵심 산업으로 떠올랐다. 특히 지난달 31일(현지시간) 조 바이든 미국 대통령이 1740억달러(약 197조원)를 미국 내 전기차·전기차 인프라에 투자하겠다고 발표한 것을 기점으로 시장의 눈은 전기차 충전 인프라 기업인 '차지포인트'에 모이고 있다. 전기차 충전 인프라는 기존 내연기관차 시대의 주유소

40) 매일경제. 2021.04.05.

를 대체하는 에너지 네트워크인데, 차지포인트는 미국·유럽에서 70% 넘는 시장점유율을 기록하고 있기 때문이다.

지난달 31일 차지포인트는 전미트럭정류장·여행플라자협회(NATSO)와 손잡고 '2030 전미고속도로충전협력 프로젝트'를 시작한다고 발표했다. 해당 사업은 미국 연방도로청(FHWA) 등을 통해 정부·민간 자금 10억달러(약 1조1273억원)를 들여 2030년까지 미국 내 여행플라자와 소외 지역에 전기차 충전망을 구축하는 것이 목표다.

일단 150곳에 직류(DC)형 고속 충전소를 설치하고 이에 더해 차지포인트 기존 사용자를 위한 DC형 고속 충전소 1500곳 이상을 추가로 설치하는 계획에 자금 일부를 조달했다. 같은 날 바이든 대통령은 2030년까지 미국 전역에 전기차 충전소 50만곳을 구축할 것이라고 발표한 바 있다. 차지포인트는 전기차 시대를 내다본 공학자들이 2007년에 공동으로 세운 전기차 충전 인프라 업체로, 다임러·BMW·지멘스가 차지포인트에 투자했고 테슬라 초기 대주주였던 베일리기퍼드도 기관투자가로서 자금을 댔다.

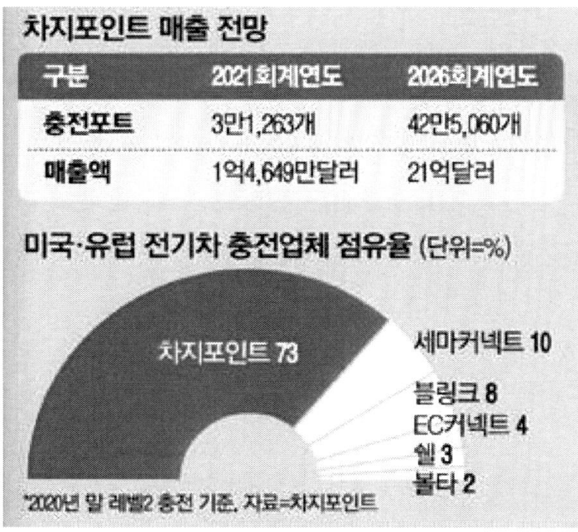
차지포인트 매출 전망

구분	2021회계연도	2026회계연도
충전포트	3만1,263개	42만5,060개
매출액	1억4,649만달러	21억달러

차지포인트 매출전망,
출저:매일경제. 2021.04.05.

차지포인트는 하드웨어 부문에서 전기차 충전기 제작·설치가 주력 사업이다. 소프트웨어 부문은 스마트 충전·충전 네트워크 관리 서비스가 주력이다. 특히 소프트웨어 부문은 원격 관리를 통한 충전 시설 사용 가능 시간과 효율적인 전력 배분·기계 결함 알림 서비스가 대표적인데 구독 모델을 적용해 소비자들이 정기적으로 사용하기 때문에 매출 안정성이 기대되는 부분이라는 게 미국 월가의 평가다.

최근 차지포인트는 고속 충전 인프라에도 집중하기 시작했다. 이전에는 AC 충전 중심이었으나, 2020년대 중반부터 DC 급속 충전 솔루션을 강화하여 고속도로 휴게소나 플릿

(상업 차량) 충전소 프로젝트에 참여하고 있다. GM과 파트너십을 맺어 2025년까지 미국 내 주요 거점에 500개의 급속 충전소를 구축하는 계획도 발표했다. 또한 차지포인트는 텔레매틱스, IoT를 활용한 스마트 에너지 관리를 도모하여, 건물 내 여러 충전기의 부하를 최적화하거나 재생에너지와 연계하는 기술을 개발 중이다.

유럽 시장에서는 2017년 독일의 충전기업을 인수하며 진출했고, 현재 영국, 독일, 프랑스 등에서 운영을 확대했다. 다만 유럽에는 경쟁자가 많아 북미만큼의 지배력은 아직 아니다. 차지포인트의 강점은 오랜 운영경험에서 나오는 소프트웨어 플랫폼 안정성과, 다양한 고객군(기업, 정부, 일반 소비자)에 맞춘 유연한 솔루션 제공 능력이다. 반면 수익성 확보는 도전 과제로 남아 있어, 충전 수요가 폭발적으로 늘어나는 기간에 흑자전환을 목표로 효율 개선에 힘쓰고 있다.

2. ABB

1) 기업 개요

(1) 회사 소개

ABB는 전기차 충전 업계에서 빼놓을 수 없는 기업으로, 세계적인 전기기기 제조사답게 일찍부터 EV 충전 솔루션 개발에 뛰어들었다. 본사가 스위스와 스웨덴에 있는 ABB는 2010년대 초반부터 DC 급속 충전기 시장을 개척하여, 유럽, 아시아, 미주 등지에서 광범위하게 제품을 공급하고 있다. ABB의 Terra 시리즈 충전기는 품질과 안정성 면에서 정평이 나 있으며, 전 세계 수많은 공공 충전소에서 사용되고 있다.

ABB는 자사의 강점인 전력변환 기술을 충전기에 집약하였다. 고효율 IGBT 기반 컨버터, 능동 냉각 시스템, 실시간 진단 기능 등을 채용하여, 50kW급 보급형부터 180kW, 350kW 초급속기까지 다양한 라인업을 완성했다. 예를 들어 Terra HP 라인은 최대 350kW로 8분 충전에 200km 주행분 전력을 공급할 수 있고, Terra 184 모델은 90kW씩 두 대 차량 동시 충전을 지원한다. 또한 ABB는 버스 전용 초고속 충전 시스템(팬토그래프 방식)도 공급하여 전기버스 인프라 시장도 공략하고 있다.

(2) 전기차 충전기

ABB와 포르쉐 재팬은 150kW이상의 전력 수준 지원 및 차데모(CHAdeMO) 급속충전 표준과 호환가능한 차세대 충전기를 함께 개발한다. 일본 정부는 2050년까지 신형 전기차 또는 하이브리드 차량만 판매한다는 야심 찬 목표를 세웠다. 이러한 움직임은 지구

온난화의 주범인 이산화탄소와 다른 온실 가스 배출을 줄이기 위한 국가 차원의 노력이다. 전기자동차 충전 시장에서 10년 이상의 전문 지식을 축척한 ABB는 일본 교통/운송 전기화를 위한 완벽한 파트너다. ABB는 차데모 및 CCS 충전 표준 협회의 창립 회사이자 멤버이며, 지속 가능한 이동성(e-Mobility) 세계로 재편 중인 ABB FIA 포뮬러 E 챔피언십 레이스의 타이틀 스폰서이다.

ABB는 세계 최대 화학 회사 중 하나인 ㈜엘지화학의 폴란드 유럽 최대 전기차 배터리 공장의 변전소 공급사로 선정됐다. 핵심 장비에는 안전하고 신뢰할 수 있는 전력 공급을 위한 변압기, 피뢰기, 가스 절연 개폐장치가 포함된다. 브로츠와프(Wroclaw) 인근 코비에르지체(Kobierzyce)에 있는 신규 자동차 배터리 공장은 연간 250,000대 이상의 전기차 배터리를 공급할 수 있는 규모이며, 생산 능력을 지속적으로 확장할 계획이다. ㈜엘지화학의 폴란드 공장은 전극에서 배터리셀, 모듈과 배터리팩까지 모든 배터리 부품을 생산하는 자동차 애플리케이션을 위한 최대 규모의 리튬 이온 배터리 공장이다.

2) 사업 동향

(1) ABB, 이탈리아에 3000만 달러 규모의 전기차 충전기 공장 건설[41)]

ABB가 늘어나는 글로벌 전기차 수요 충족을 위해 2021년 말까지 이탈리아 산 조반니 발다르노에 1만6000평방미터 규모의 EV 충전기 신규 제조시설를 구축한다고 전문매체 인사이드 EV가 26일(현지시간) 보도했다.

3000만 달러가 투입돼 구축되는 새 플랜트는 핵심 글로벌 센터로 기능하게 되며 향후 수요가 급증할 것으로 예상되는 급속충전기를 생산하게 된다. 지금까지 ABB는 전기차용 DC 급속충전기를 1만4000대 이상 판매했다.

회사 측은 "새 공장은 지역 시스템에서 공공장소 설치용, 도시 대중교통 전용 시스템에 이르기까지 ABB의 전기차 배터리 충전기 전체 포트폴리오를 생산하게 될 것"이라고 말했다. 또한 "e-모빌리티 분야에서 ABB의 성장과 혁신을 지원하는 핵심 역할을 수행할 것"이라고 덧붙였다.

---

41) 글로벌이코노믹, 2020.07.21.

ABB 이탈리아 EV 충전기 신규 제조시설 조감도, 출처: 인사이드EV

ABB는 또 네덜란드 TU델프트 캠퍼스에 건립되는 새로운 글로벌 e-모빌리티 본사와 연구개발(R&D) 센터에 1000만 달러를 투자했다. 이 사이트는 올해 말에 개관할 예정이다. ABB는 글로벌 DC 급속충전기 공급 업체 중 하나다. 회사는 유럽의 아이오니티와 미국의 일렉트리파이 아메리카를 포함한 큰 공공 네트워크들과 계약을 맺고 있다.

(2) 'ABB 포뮬러E 월드 챔피언십' 레이싱에 전력공급 중단은 없다[42]

지난 11월28일부터 12월1일까지 스페인 발렌시아 트랙에서 진행한 프리시즌 테스트에 12개 팀이 모두 참가하면서 'ABB FIA 포뮬러 E 월드 챔피언십' 시즌 7이 최대 전력으로 돌아왔다. ABB FIA 포뮬러 E 챔피언십은 전기차로의 전환 가속화를 목표로 한다. 레이싱은 전 세계 도시에서 기존의 도심 서킷에서 펼쳐지며, 전세계 관중은 온라인, 그리고 실시간 TV와 라디오 중계를 통해 세계에서 가장 혁신적인 자동차 브랜드들이 펼치는 경기를 관람할 수 있다. 타이틀 파트너로 네 번째 시즌을 맞는 ABB는 순수 전기차 챔피언십에서 ABB 무정전전원공급장치(UPS) 같은 선도적 기술을 지속적으로 구현하고 있다.

UPS는 레이스의 TV 컴파운드에 설치된다. 경주장에서 전력망 문제 발생 시 계속 방송국에 전기가 공급되도록 지원해 생방송 중계 중단이 없도록 보장한다. 빠른 속도로 진행되는 글로벌 챔피언십 조건에 부합하는 표준 솔루션이 없었기에 ABB 전문가팀는 맞춤형 유닛을 개발해왔다. 그 결과 UPS 시스템은 바퀴 장착, 이동을 위한 중량 최적화, 운

42) 에너지데일리 2020.12.18.

반 또는 여객기 운송이 가능하도록 작고 튼튼한 패키지로 구성된다. 플러그 앤 플레이 기능을 통해 현장 팀 설치를 단순화하고, 230/400VAC 50Hz 입출력 전압으로 60kVA 전력을 자동으로 15분 간 공급할 수 있다.

ABB가 Gen3 경주차(시즌 9부터 도입)용으로 공급할 충전 솔루션과 더불어 UPS는 레이스 시리즈 내는 물론 그 너머까지 지속가능한 기술 발전에 대해 선두 위치에 있다. ABB는 시즌 9부터 도입하는 3세대 경주 자동차용 ABB 충전 솔루션과 함께 연계된 UPS는 전기차 경주는 물론 그 이상의 지속 가능한 기술 발전 선두에 위치해 있다.

ABB는 포뮬러 E와 함께 기술을 향상시키고 전기자동차의 이점을 강조함으로써, 전 세계적으로 청정 모빌리티 채택을 장려하는 데 일조하고 있다. ABB FIA 포뮬러 E 월드 챔피언십은 기술 경계를 확장하는 플랫폼을 제공하며, 기술 경계는 경주 트랙에서 전세계 현실 상황으로 옮겨와 자원을 보존하고 저탄소 사회를 실현하도록 돕는다.

ABB는 순수 전기차 1인승 경주인 레이싱 시리즈 ABB FIA Formula E 세계 챔피언십의 타이틀 스폰서다. ABB의 기술은 도심 도로를 트랙으로 하는 이벤트를 지원한다. ABB는 전 세계 80개국에서 1만7000대 이상 급속 충전기를 공급한 세계적인 기업이다.

포뮬러 차량의 ABB 후원 로고, 출처: ABB

미국 시장에서 ABB의 행보도 눈에 띈다. 2022년 ABB는 미국 내 워싱턴주와 사우스캐롤라이나주에 충전기 생산시설을 확충하여, Buy America 규정에 부합하는 현지 생산을 시작했다. 연간 최대 1만 대 이상의 DC 충전기를 만들 수 있는 규모로, NEVI 프로그

램 등에서 나오는 수요에 대응하려 하고 있다. 실제로 ABB는 연방 정부 및 여러 주정부의 충전기 입찰에서 기술 파트너로 선정되는 등 미국 인프라 구축에 핵심적인 역할을 하고 있다.

ABB의 또 하나 전략은 디지털 서비스 강화다. ABB Ability라는 클라우드 플랫폼을 통해 충전소 운영자들에게 모니터링, 원격 유지보수, 데이터 분석 툴을 제공한다. 이는 ABB 충전기를 구매한 고객들이 사후 관리를 효율적으로 할 수 있게 해주며, 고장 예방과 신속한 문제 해결에 기여한다. 또한 ABB는 최근 전기차 충전 부문의 기업공개(IPO)를 계획하여 자금을 조달하고, 충전사업을 더욱 확대할 의지를 보이고 있다.

3. RWE

1) 기업 개요

(1) 회사 소개

RWE는 독일의 대형 에너지 기업으로, 발전 및 전력공급 분야의 오랜 강자다. RWE는 전기차 충전 분야에서도 유럽 초창기 시절부터 관여해왔다. 2000년대 후반~2010년대 초반 독일과 일부 유럽국가에 공공 충전소를 설치하는 프로젝트들을 진행했으며, 그 결과 RWE의 파란색 충전기가 곳곳에 등장하기도 했다. 이후 전력산업 재편 과정에서 RWE의 소매·배전 부문이 이노지(Innogy)로 분리되었고, 충전 사업도 이노지로 이관되었다. 이노지는 또다시 2018년 E.ON에 합병되면서 RWE 이름의 충전소는 사라졌지만, RWE 자체는 발전사업 중심으로 남아 전기차 인프라에는 다른 방식으로 참여하고 있다. 기존에는 전기 및 가스 공급을 주 사업으로 했으나 유럽 지역의 전력 소비 감소 등으로 수익성 위기가 오자 다양한 시도 끝에 전기차 충전 사업에 진출했다. 베를린, 슈투트가르트, 뮌헨 등 독일 주요 도시뿐 아니라 유럽 20개국에서 충전소를 운영하고 있으며, 전기차 충전 인프라 구축을 위해 다임러(Daimler AG), 르노(Renault), 폭스바겐(Volkswagen) 등 다양한 자동차 제조사들과 협업을 진행하고 있다.

(2) 주요 상품

① 전기차 충전소

RWE는 전기자동차 충전서비스로 맞춤형 배전 서비스를 제공하고 있다. 전기자동차 운전자들은 스마트폰으로 RWE 앱에 접속한 후 RWE 전기자동차 충전소에서 얼마만큼의 전기를 충전할지를 입력한 후 스마트폰으로 결제하면 가까운 곳에 설치된 RWE 전기자

동차 충전소에서 원하는 만큼의 전기를 충전할 수 있다. 전기자동차 산업이 확대되고 있고 전기자동차 운전자들이 주요 전력 소비자가 될 것을 예측해 미리 충전 인프라 사업에 진출한 것이다.

2019년 기준 RWE는 베를린, 슈투트가르트, 뮌헨 등 독일 주요 도시뿐 아니라 유럽 20개국에서 4900여 개 충전소를 운영하고 있다. RWE는 전기차 충전 인프라를 집 내부에 구축해주기도 한다. 지붕에 태양열 발전 패널을 설치하고, 축적된 전기 에너지를 집 내부와 전기차 충전 기기로 공급하는 방식이다.

이미지출처: https://germanylandofinnovation.wordpress.com/

RWE는 전기자동차 충전소를 구축하기 위해 다임러, 르노, 폭스바겐 등 자동차 제조회사나 호텔, 대규모 공장 등 기업들과 파트너십을 맺고 파트너십을 맺은 기업의 고객들이 자사 충전소를 이용하도록 유도했다. 특히 다임러와 함께 전기차 충전소를 구축하고 있다. RWE는 유럽에서 유일하게 다양한 유형의 충전소를 자체 제작하고, 공공·주거 공간에 이러한 충전소를 맞춤형으로 설치하는데, 다임러의 요청으로 메네케스RLK 7핀 커넥터를 개발한 바 있다.

대중이용시설에 집중적으로 건립될 것으로 보이는 급속충전 방식을 위해 르노를 비롯한 20여 개이 제조업체와 많은 전력 공급업체들이 RWE사와 협력, 다목적 공용충전플러그를 개발 중에 있다. 이 플러그는 단상 230V/16A 에서 삼상 400V/63A까지의 전력을 소화하게 된다.

② 제휴 서비스

RWE는 블록체인을 핵심 에너지 비즈니스에 도입할 새로운 필수적 기술로 보고, 사물인터넷(IoT) 기반 거래를 최적화하여 전기차 충전을 어떻게 변환할 수 있는지 연구하기 시작했다. 그렇게 탄생한 첫 번째 프로젝트는 자동 충전 스테이션으로 사용자가 역을 임대하고 예금을 입금하고 자동차를 충전한 다음 보증금을 돌려받을 수 있게 하는 스마트 계약이다. 슬록잇과의 제휴를 통해 두 기업 간 역할이 분명하다. 즉, 슬록잇은 블록체인 사물인터넷 시스템을 운영하고, RWE는 전기차 충전 네트워크를 운영한다. RWE과 슬록잇이 함께 내놓은 전기차 충전 결제 시스템은 다음과 같은 구조를 가지고 있다.

- RWE 전기 충전소 시스템 자동화
- RWE의 충전소 실시간 현황, 위치 파악 및 선택
- 스마트 계약을 통한 충전소 이용
- 인증·충전·결제 : RWE 전기차 충전소 인프라 통합관리. 투명한 거래로 사기 위험 방지. 오픈API로 파트너 확장 가능

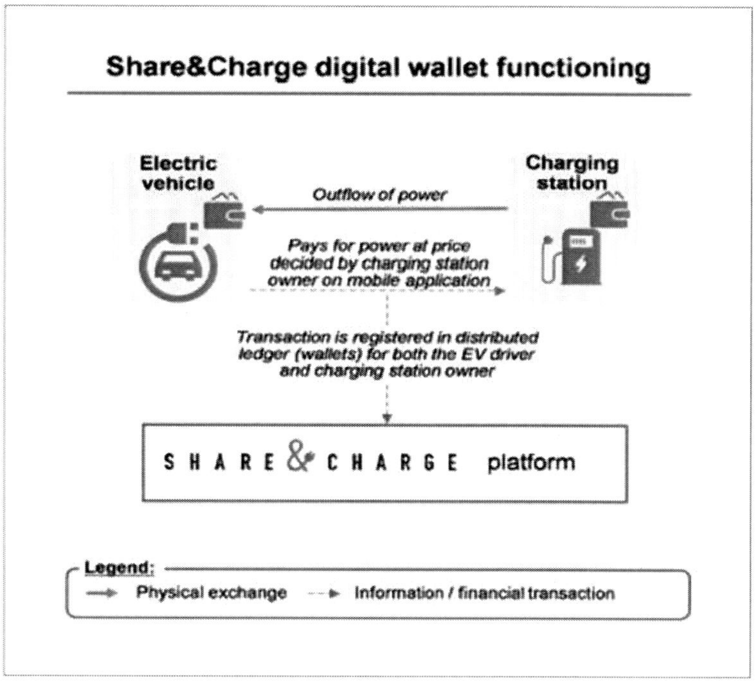

출처: R. Bonenfant, S. Plessis & S. Zimmer(Oct.18, 2017)

전기자동차 충전 결제플랫폼 구조, 출처: 마켓트렌드 2018.

디앱으로 동작하는 스마트 플러그를 이용해 재충전이 가능하게 된다. 충전 및 거래는 이 시스템에서 관리된다. 충전소는 RWE를 대신해 사용자 인증, 지불 처리 및 충성도 포인트 할당을 처리한다.

또한, RWE는 공유 자원을 활용하고 사용하는 용도로만 비용을 지불함으로써 퍼블릭 블록체인을 사용한다. 이더리움(Ethereum)에 대한 접속 권한을 임대하고 있다. 모든 거래

가 블록체인에서 이루어지므로 완전한 투명성을 확보할 수 있으며, 오픈 API를 활용하여 파트너를 쉽게 만들 수 있다. 판매 시점에서 통계 분석에 이르기까지 객체와 서비스는 공통의 블록체인 상태에서 동기화 될 수 있다. 기존에는 머문 시간만큼 요금이 책정돼 불합리하다. RWE는 실제로 충천한 전기량만큼 요금이 부과되는 방식을 개발 중이다.

2) 사업 동향

현대의 RWE는 재생에너지 발전과 전기차 충전의 연결고리를 강화하는 전략을 보인다. 예를 들어 2023년 미국의 전기차 스타트업 리비안(Rivian)과 PPA(전력구매계약)를 맺어, 텍사스 풍력발전으로 생성한 전력을 리비안의 충전 네트워크에 공급하기로 했다. 이는 전기차 충전이 실질적으로 탄소중립 전력으로 이뤄지게 하려는 취지다. 또한 RWE는 독일에서 전기차 충전과 연계한 에너지저장 프로젝트도 진행 중인데, 예컨대 고속 충전 허브에 대용량 배터리를 설치해 전력망 안정과 충전 피크 쉐이빙(peak shaving)을 실현하려는 시도다.

RWE의 행보는 충전 인프라 자체보다는, 전력 공급망 측면에서의 접근으로 볼 수 있다. 즉, 충전소에 청정전력을 공급하고, 충전 인프라가 전력계통에 부담을 주지 않도록 조율하는 역할을 맡는 것이다. RWE가 운영 중인 재생에너지 발전 용량이 클수록 더 많은 EV 충전소와 친환경 전력 매칭을 할 수 있을 것이며, 이는 전기차의 친환경 가치를 극대화하는 데 기여한다.

또한 RWE는 충전과 관련해 수소, 그린 암모니아 등 대체 에너지 운송수단도 함께 연구 중이다. 미래 모빌리티 에너지 시장에서 다양한 포트폴리오를 갖추려는 전략이다. RWE의 사례는 대형 유틸리티 기업이 충전 인프라 시대에 어떻게 역할 변화를 모색하는지 보여준다. 비록 눈에 보이는 충전소 브랜드는 아닐지라도, 뒤에서 전기를 생산하고 관리하는 주체로서 충전 생태계의 중요한 축을 담당하고 있다.

4. 베바스토(Webasto)

1) 기업 개요

(1) 회사 소개

베바스토(Webasto)는 100년이 넘는 역사를 가진 독일의 자동차 부품회사로, 일반 소비자에게는 차량 선루프 제조사로 유명하다. 내연기관 시대에 난방 히터, 에어컨, 루프 시

스템 등으로 성장한 베바스토는 전기차 시대를 대비해 충전 사업에 뛰어들었다. 2010년대 후반부터 가정용 충전기(월박스) 제품군을 개발하여 시장에 내놓았고, 일부 상용 DC 충전기도 선보였다. 베바스토의 충전 솔루션은 특히 OEM 납품에 강점을 보여, 여러 완성차 브랜드에 브랜드 레이블 형태로 제공됐다. 예를 들어 BMW, 현대 등 몇몇 회사의 순정 홈 충전기 액세서리는 내부적으로 베바스토 제품이었다.

베바스토는 글로벌 자동차 부품업체 상위 100위에 속하는 세계적인 자동차 부품 업체이다. 주요 생산 제품인 자동차용 루프, 컨버터블, 배터리 팩, 충전기, 히터 등을 글로벌 완성차 업체에 공급하고 있다. 특히, 자동차용 루프 분야 세계 1위 기업이며, 한국에는 울산과 아산 등 2곳에서 공장을 가동 중이다. 국내 루프 분야 시장 점유율 또한 1위를 차지하고 있으며, 2019년 매출액 5조 원을 기록하는 등 전 세계에 30개의 공장과 20개의 지점을 보유하고 있다. 또한, 우수한 전기자동차용 배터리 팩 설계 및 제조 기술을 바탕으로 한국 전기자동차 산업에 안정적인 배터리 공급을 보장하고 배터리 관련 부품의 국산화를 통한 한국 전기자동차 기술발전에도 기여하고 있다.

(2) 전기차 충전기

전기식 충전 솔루션은 전 세계적으로 사용 가능한 고성능 솔루션이다. 모든 종류의 차량 제조 업체는 개별 제조 및 액세서리로도 제조가 가능하며, 회사용 전기자동차를 운영하는 회사 및 오너 및 제품과 서비스에 대한 수요가 많은 기업에게 필요한 솔루션이다. 자동차용 충전기 제품은 단순하고 지능적인 충전 스테이션과 이동 가능한 충전 솔루션이 있으며, 산업용 충전기 제품은 공항 지상 지원장비(GSE)와 자재운반 장비(MHE)를 제공한다. 신뢰할 수 있는 충전 인프라는 전기자동차에 기본적인 요건이다.

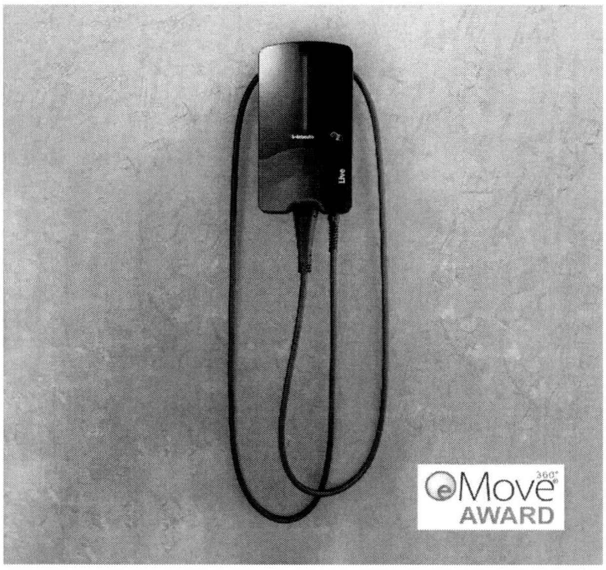

베바스토 라이브 11kW 충전기이미지
출처: 베바스토 홈페이지

베바스토의 전자 노하우와 개발 전문 지식 및 사이트를 통한 글로벌 애프터마켓 구조의 이점을 살려 전 세계 서비스 파트너에게 충전 제품을 제공하고 있다. 또한, 전기자동차와 산업용 애플리케이션에 오리지널 장비는 OEM에서 다양한 고성능 충전 솔루션을 지원한다. 하드웨어 충전소의 설치와 유지보수 및 배터리 충전 결제 처리와 같은 추가 보완 서비스가 포함되어 있다.

베바스토의 충전 솔루션 제품은 모든 관련된 업계 표준과 표준을 충족하여 최고 품질과 안전 요구 사항을 모두 충족하고 있다. 보급형 충전소인 베바스토 퓨어 충전기는 11kW에서 22kW까지의 충전 용량을 제공하며, 교류를 사용하는 베바스토 라이브 충전기는 원격으로 스마트홈 애플리케이션에 통합 기능을 지원한다.

2) 사업 동향

베바스토가 내놓은 완속 충전기 중 TurboDX, TurboCord 등은 북미 시장에서 호평을 받았고, 유럽용 Webasto Live 월박스도 스마트 기능과 세련된 디자인으로 인기를 끌었다. 또한 휴대형 충전 케이블인 Webasto Go는 2024년 기아 EV9 등의 번들 액세서리로 채택되는 등 꾸준히 공급되었다. 이러한 행보로 베바스토는 새로운 핵심 사업으로 충전 분야를 육성하는 듯했다.

그러나 2023년 말 경, 베바스토는 돌연 충전 사업부를 매각하기로 결정했다. 미국의 사모펀드인 트랜섬 캐피털(Transom Capital)에 충전 부문을 넘기고, 자신들은 소수지분만 유지하며 자동차 루프 및 배터리팩 사업 등에 집중하겠다고 발표했다. 이 소식은 업계에 다소 충격을 주었는데, 성장하는 시장임에도 수익성 압박과 경쟁 심화로 인해 전문 투자자에게 맡긴 것으로 해석된다. 인수된 사업부는 현재 Ampcontrol(Ampure)이라는 새로운 이름으로 독립 운영되고 있으며, 베바스토 브랜드명 사용은 일정 기간 병행 후 중단될 예정이다.

베바스토의 사례는 전통적인 자동차 부품 기업이 충전 분야에 진출하여 일정 성과는 거뒀으나, 장기적 투자가 부담되어 철수한 경우라 볼 수 있다. 기술 자체는 성공적이었지만, 글로벌 시장에서 강자들과 경쟁하며 규모를 키우는 데 한계를 느낀 것으로 보인다. 이는 충전기 하드웨어 시장의 수익률이 높지 않고, 서비스와 네트워크로 부가가치를 내야 하는 특성을 보여준다. 베바스토 충전 사업이 새로운 주인 아래 어떻게 성장할지는 지켜볼 일이나, 기존 베바스토 고객들은 지속적인 제품 지원을 받을 것으로 알려졌다.

5. 지멘스(Siemens)

1) 기업 개요

(1) 회사 소개

지멘스(Siemens AG)는 세계적인 전기전자 기업이자 유럽에서 가장 규모가 큰 엔지니어링 회사이다. 산업재, 에너지, 헬스케어, 운송 분야에서 일하고 있으며 많은 자회사를 두고 있다. 세계가 당면한 지구온난화, 기후변화 등의 문제와 관련해 이산화탄소 배출을 감소시키는 기술을 개발했으며, 에너지 기술과 환경보호 분야에서 사업을 진행하고 있다. 2010년에 들어서 그린사업의 일환으로 전기자동차 배터리 충전소 시장에 진출했다.

(2) 주요 제품

① 시차지 D(Sicharge D)

2021년 2월, 지멘스가 고효율의 전기차 충전 설비, 시차지 D(Sicharge D)를 공개했다. 시차지 D는 수직형 바 타입으로 제작되었으며 옵션에 따른 두 개의 충전 케이블과 세로형 디스플레이 패널 등을 장착하고 있다.

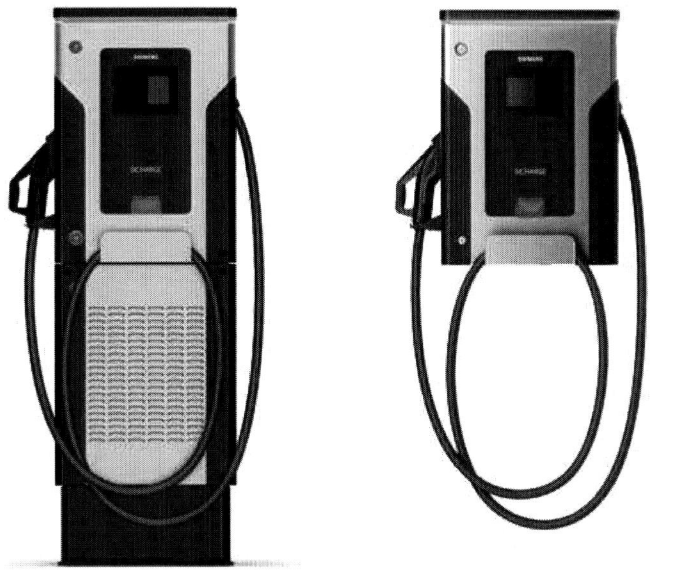

시차지 D, 출처: 지멘스 홈페이지

지멘스가 공개한 자료에 따르면 시차지는 DC 충전기 중 가장 효율적인 정격 효율인 95.5%를 보장하며, 가장 높은 수치는 96%에 이른다. 덧붙여 시차지 D는 최대 1,000V의 전압을 대응할 수 있도록 제작되어 최신 기술인 800V 배터리 시스템에 보다 효과적

으로 대응할 수 있다.[7] 시차지 D는 네 개의 사양으로 판매되며 기본 사양이 160kW를 대응하며 각각 180kW와 240kW를 대응하는 시차지 D 180 플렉스와 시차지 D 240 플렉스로 이어진다. 여기에 최고 사양은 300kW라는 초고속 충전을 지원하여 시차지 D 300 플렉스로 명명되어 판매에 나선다. 이외의 요소는 네 개 사양이 모두 동일한 수준으로 구성되었다.

② 베리시차지

2020년 6월, 지멘스가 상업용 및 주거용 차세대 베리시차지(VersiCharge) 시리즈 전기 차량 충전기를 출시했다. 이는 업계 최초로 건물 관리 시스템과 상호작용하여 운영자가 시스템을 실시간으로 모니터링, 관리, 조정할 수 있는 전기차 충전기이다.

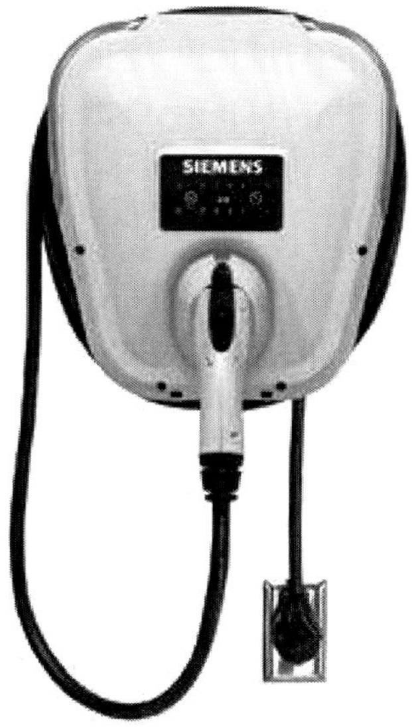

베리시차지, 출처: 지멘스 홈페이지

XNUMX 세대 AC 충전기인 베리시차지는 전력 수요 조정, 정확한 에너지 사용량 측정 및 전기차 서비스 제공 업체, 건물 및 자동화 시스템에 대한 확장된 네트워크 연결을 위한 편리한 도구를 제공한다. 그만큼 UL/cUL 인증 모델은 최대 11.5kW의 교류 충전 전력과 다가구, 직장 및 유틸리티 응용 제품에 맞게 구성된 여러 구성을 자랑한다.

베리시차지 시리즈는 스마트한 부하관리를 통해 탄소 감소 및 공기 품질 개선을 돕는다. 개방형 프로토콜을 통해 지멘스 디지고와 같은 빌딩 관리 시스템 또는 에너지 수요를 제어하고 운영비용을 절감하는 유사한 타사 시스템과 직접 상호작용할 수 있다. 최신 솔루션은 모든 OCPP(open charge point protocol) 인증 충전 네트워크와 모든 차량 또는 개인 차량에서 작동할 수 있는 기능과 포괄적으로 상호 운용된다.

베리시차지 시리즈는 빠른 교류 충전을 가능하게 하며 벽 또는 받침대에 장착할 수 있다. 새로운 가정용 충전기에는 사용하기 쉬운 모바일앱, 스마트 인터페이스 및 유연한 인터넷 연결 기능이 있다. 상용 충전기는 공항, 주차장, 소매 시설 또는 병원과 같은 모든 상업 지역에 적합하도록 설계되었으며 그리드에 쉽게 연결하고 안전한 거래 관리를 가능하게 하며 많은 네트워크 토폴로지에 매끄럽게 연결하는 많은 네트워킹 방법을 보유하고 있다.

③ 플루언스

지멘스는 2010년에 들어서 그린사업의 일환으로 전기자동차 배터리 충전소 시장에 진출했다. 2012년 대한민국에 사업부를 발족시켜 에너지저장장치 시장에 발판을 마련한 지멘스는 2017년, 자체 전력 네트워크를 가지고 있는 AES와 제휴해 본격적인 글로벌 경쟁에 나섰다. 지멘스와 AES는 워싱턴 DC에 플루언스라는 합작 회사를 설립하고 대기업들에 산업용 배터리를 공급하고 있다.

플루언스의 주요 경쟁자는 전기자동차와 함께 산업용 전력 저장 장치 생산 시설을 구축한 일론 머스크의 테슬라이다. 궁극적인 목표는 미래의 전기 네트워크 구축을 앞당기는 것이다. 플루언스는 에너지 저장 솔루션을 계획하고 있으며 AEMO가 고려하고 있는 인프라 업데이트는 2028년 이전에 완료되는 것을 목표로 하고 있다.

2) 사업 동향

지멘스는 2023년 전후로 유럽에서도 스타트업과의 제휴를 통해 신기술 도입을 모색했다. 예를 들어 무선 충전 기술 개발사인 WiTricity와 협업하여 표준화 활동에 참여하고, 영국의 충전소 운영 스타트업에 투자하는 등 새로운 트렌드 포착에 적극적이다. 또한 지멘스 자체적으로 eMobility 부서를 두어 충전기 제조, 전력설비, 에너지관리시스템, 클라우드 서비스까지 패키지로 제공하는 사업을 하고 있다. 특히 상업용 차량이나 버스 차고지용 전기차차량단지 충전 솔루션을 제안하여, 다수 차량을 가진 고객(물류사 등)을 공략하기도 한다.

지멘스의 궁극적인 목표는 전기차 충전 인프라를 스마트시티 인프라의 일부로 통합하는 것이다. 지멘스가 다루는 빌딩관리 시스템, 배전망 관리, 교통관리 등과 충전망을 연계하여, 전체 최적화를 실현하려는 비전이다. 가령 건물의 에너지관리시스템과 EV 충전을 연동해 건물 피크전력을 조절하고, 잉여 태양광 전력을 차량에 저장하는 등 시나리오를 구현할 수 있다. 이러한 통합 솔루션은 지멘스같이 영역이 넓은 기업이 아니면 하기 어려운 접근이기도 하다.

종합적으로, 지멘스는 직접 충전 사업자가 되는 것보다 기술 공급자이자 투자자로서 충전 인프라 시장에 참여하고 있다. 이는 하드웨어 판매 이상의 부가가치를 창출하고, 장기적으로 전력-교통 융합 인프라에서 주도권을 잡기 위한 전략으로 볼 수 있다.

6. EVgo

1) 기업 개요

(1) 회사 소개

이브이고(EV GO)는 전기자동차 고속충전기를 개발하는 회사이다. 완속충전기보다 고속충전기에 집중하고 있으며 2021년 2월 기준, 미국에 800개 이상의 충전소를 보유했다. 규모는 작지만 전기 충전소 네트워크를 기반으로 제너럴모터스(GM)와의 계약을 통해 2024년까지 2,700여개의 고속 충전소를 설치할 예정이다. 닛산과도 협약을 체결한 바 있으며, 테슬라를 지원하는 충전 커넥트를 추가할 계획으로 알려져 있다.

이미지 출처: 이브이고 홈페이지

(2) 급속 충전소

EVgo는 민간 전력 및 에너지 인프라 기업 LS 파워의 자회사이다. 이 기업을 토대로 EVgo는 미국에서 가장 큰 EV 공공 급속 충전 플랫폼이 되었다. 회사의 완전 고속 충전 네트워크는 100% 재생 가능한 전기로 구동된다.

EVgo 충전소, 출처: 이브이고 홈페이지

대체 연료 데이터 센터의 데이터 분석에 따르면 EVgo는 충전소 측면에서 테슬라의 수퍼차저 네트워크 바로 뒤에 있으며, 2020년 6월 기준으로 807개의 DCFC를 점유하고 있다. 업계 1위의 테슬라의 경우 830개의 지점이 있다.

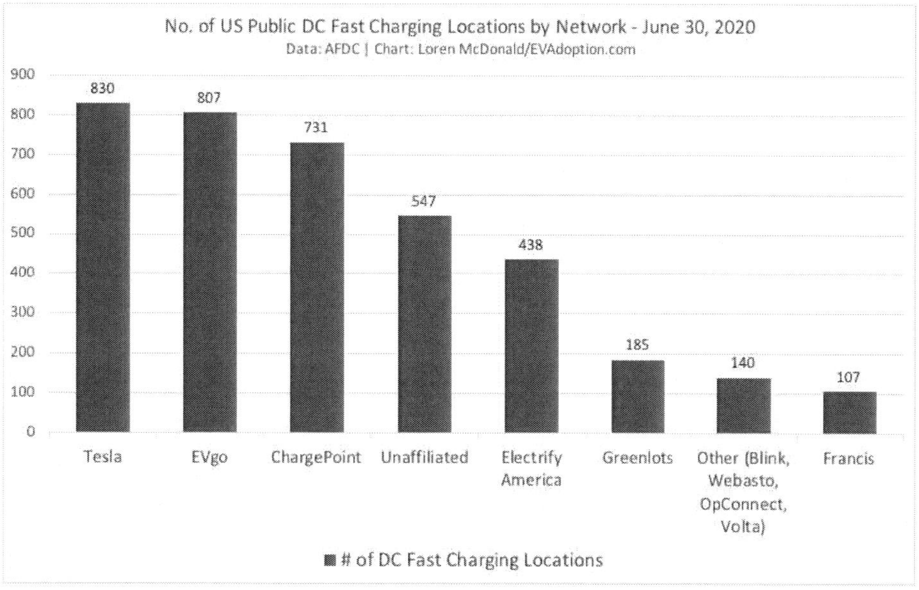

미국 급속 충전소 개수, 출처: AFDC

2) 사업 동향

2019년부터 몇몇 EVgo 충전소에서는 테슬라 차량이 별도 어댑터 없이도 EVgo 충전기를 이용할 수 있게 되었다. 이로써 테슬라 고객층까지 흡수하는 효과를 노렸는데, 2023년 NACS 표준화 움직임으로 더욱 선견지명이 있었다는 평가를 받는다. 현재 EVgo는 NACS로의 전환도 선언하며, 향후 북미 충전시장에서 모든 차량을 포용하는 네트워크로

남기 위해 노력하고 있다.

운영 효율 면에서 EVgo는 도심부 위주의 충전소망이기에 이용률이 비교적 높은 편이다. 다만 2022~2023년 사이 업계 전반의 충전기 가동률 문제가 이슈화되며, EVgo도 이를 개선하기 위해 장애 대응 속도를 높이고 장비 업타임(Uptime) 목표를 95% 이상으로 설정하는 등 품질 관리에 힘쓰고 있다. EVgo는 2021년 스펙 합병을 통해 나스닥에 상장하면서 사업 확장에 필요한 자본을 마련했고, 앞선 GM 제휴 외에도 트럭스탑 체인, 로컬 정부와 계약을 늘려가고 있다.

향후 EVgo는 고출력 충전 허브화 전략을 취할 것으로 보인다. 즉 기존 도심형 50kW 위주에서 벗어나, 350kW급 대용량 충전기를 갖춘 허브를 주요 고속도로 출구나 도시 외곽에 건설하여 장거리 여행 수요까지 흡수하려 한다. 이미 캘리포니아 등지에 몇몇 초급속 허브를 개소했다. 또한 전력망과 협조하여 수요반응형 충전, 태양광+배터리 결합 충전소 등에도 관심을 기울이고 있다. EVgo는 철저히 충전 서비스 전문기업으로서, 완성차나 에너지 대기업에 속하지 않고도 시장에서 자기 위치를 구축한 케이스로, 향후에도 자율주행차 충전 솔루션 등 새로운 영역까지 도전할 것으로 기대된다.

7. 쉘

1) 기업 개요

(1) 회사 소개

로열더치쉘(Royal Dutch Shell)은 흔히 쉘(Shell)로 알려진 석유화학, 가스 에너지 분야의 세계적인 그룹이다. 엑슨모빌(Exxon Mobil)과 에너지부분 세계 2대 기업 자리에 올라있다.

2019년 기준 로열더치쉘은 70여 국에서 9만 명의 직원을 고용 중인 대기업으로, 국가로 치면 이산화탄소 배출량이 독일에 이어 세계 7번째로 많다. 아울러 2,400억 달러 매출을 기록하며 2018년 포춘 글로벌 500 대기업 중 7위에 올랐다. 하지만 오늘날 존재적 위기를 맞고 있다. 쉘은 2020년대 후반부터 2040년대 후반 사이 석유 수요가 정점에 달할 것이라는 결론을 내렸다. 에너지 산업이 역사적인 변화를 겪고 있기 때문이다. 바로 석유에서 전기로의 전환이다.

이런 변화를 더욱 촉진하는 건 석유와 가스를 합리적인 가격으로 대체하는 신재생 에너지다. 태양열과 풍력, 전지가 대표적이다. 이에 더해 각국의 온실 가스 배출규제는 점점

더 엄격해지고 있다. 그래서 쉘의 벤 판 뵈르던 대표는 과감한 전략적 승부수를 던지고 있다. 쉘을 거대 석유 기업에서 거대 에너지 기업으로 탈바꿈시키는 것이다.

쉘은 2016년에 그린에너지 부서를 신설하고, 2017년 재생에너지 발전회사인 엠피투에너지(MP2 Energy)를 인수하는 등 재생에너지에 적극적인 모습을 보이고 있다. 미래에 쉘은 더 이상 단순한 석유 회사가 아니라 큰 범주에서의 광범위한 에너지회사가 될 전망이다. 쉘은 북해에 해상 풍력발전단지를 짓고 있고, 오만과 캘리포니아에서는 태양열 발전단지를 건설하는 컨소시엄에 참여하고 있다. 유럽 최대 전기차 충전소 기업과 영국의 전기 공급회사를 인수하기도 했다.

쉘은 2020년까지 신규 에너지에 대한 연간 지출을 10억 달러에서 약 20억 달러로 올렸다. 이는 회사가 2019년 추산한 총 자본 지출 250억 달러 중 4~8%에 해당하는 금액이다. 현재 에너지 생산, 거래, 판매를 위해 회사가 활용하고 있는 글로벌 네트워크를 통해, 막대한 양의 재생에너지를 생산한다는 구상이다.

(2) 전기차 충전소

로열더치쉘은 재생에너지를 포함한 전기 분야에 본격적으로 뛰어들고 있다. 쉘은 2018년 10월 네덜란드의 전기차 충전 네트워크 중 하나인 뉴모션(New motion)을 인수했다. 뉴모션은 유럽에서 3만 여 곳의 전기차 충전 설비를 운영하고 있고, 서비스에 가입한 전기차 소유주들에게 다른 5만 곳의 충전소 접근권을 제공하고 있다.

파키스탄 쉘 전기차 충전소, 출처: 쉘 홈페이지

쉘은 서유럽권에서 전기차 충전 스테이션을 30,000여개 이상 운영하고 있으며 수천 곳에 대한 접속 장소를 더 제공하고 있는 뉴모션이 쉘의 고속 충전 스테이션을 같이 운영할 것이라고 밝혔다. 쉘은 이미 영국, 네덜란드, 노르웨이, 필리핀에서 전기차 충전 스테이션을 운영하고 있는데, 충전 네트워크 인수를 통해서 장소에 따라 급속 충전과 완속 충전을 지원하는 한편 전기차가 널리 보급될 수 있는 미래에 대해 대비하고 있다.

쉘은 2040년에는 전 세계에서 다니는 자동차의 1/4 가량이 전동화 모델이 될 것으로 예상하고 있으며, 이로 인해 석유 소비에 잠재적인 위협이 발생할 것으로 인식하고 있다. 쉘의 대표가 자동차의 전동화에 큰 관심을 갖고 있는 만큼 쉘 그룹의 전기차 관련 투자는 앞으로도 이어질 것으로 예상된다.

2021년 2월, 쉘이 발표한 '배출가스 제로 에너지 제품 및 서비스 업체로의 전환을 위한 가속화 전략 보고서의 핵심은 바로 전기차 충전소 사업의 대대적인 확장에 있다. 실제 쉘이 밝힌 내용에 따르면 오는 2025년까지 쉘은 현재 6만 개의 충전 포인트를 50만 개 수준으로 끌어 올릴 예정이다. 세부 국가별로 충전기 설치 목표를 마련했으며 영국의 경우에는 5,000개까지 확장하여 더 많은 전기차 소비자들이 쉘의 충전 서비스를 받을 수 있도록 할 예정이다.

덧붙여 지금까지의 쉘이 기존의 다른 전기차 충전 사업체를 인수하는 방식으로 규모를 키워왔던 것과 달리 주도적으로 충전 설비를 설치, 마련해 보다 통합적인 관리를 할 수 있도록 할 예정이다. 이를 통해 쉘은 오는 2025년, 글로벌 전기차 충전 네트워크를 확보하고 전기차 충전 시장에서도 최고 수준의 서비스 및 정책을 제공할 예정이다.

2) 사업 동향

(1) 거대 석유 회사 쉘 '4년 안에 전기차 충전소 50만 개 구축 추진'[43)]

세계 최대 정유회사 가운데 하나인 네덜란드계 석유 기업 쉘(Shell)이 전기차 충전소 구축을 위한 행보에 속도를 내고 있다. 쉘은 최근 공개한 장기 사업 계획에서 앞으로 4년 안에 50만개에 달하는 전기 충전소를 세울 것이라고 밝혔다.

쉘은 지난 2017년 유럽 최대 전기차 충전업체 뉴 모션을 인수하고 유럽과 중국 등에 있는 쉘 주유소에 전기차 충전기를 설치하는 등 메이저 석유 기업 가운데 가장 적극적으로 전기차 충전 관련 사업을 벌여왔다.

쉘은 지난 2019년 미국 LA에 본사를 둔 전기차 충전 개발사 그린랏(Greenlots), 독일

43) 오토헤럴드, 2021.02.12.

에서 가로등을 이용한 충전기 개발로 주목을 받은 영국 유비트리시티(Ubitricity)를 인수했다.

전기차 충전 업체를 인수하거나 합병, 분리하는 다양한 방법으로 사업을 다양화하고 있는 쉘은 "전기차는 전통적으로 석유와 화학에 의존해왔던 우리에게 향후 10년 동안 또 다른 성장을 있게 할 가장 좋은 기회가 될 것"이라고 말했다.

한편 석유 회사들은 세계 원유 수요가 가까운 시간 정점을 찍을 것이라는 전망이 나오면서 전기차에 관심을 갖기 시작했다. 영국 BP는 2035년 원유 수요가 정점을 찍고 2040년 전기차가 3억대를 넘어 설 것으로 전망했지만 쉘은 이보다 바른 2025년을 정점으로 보고 빠르게 전기차 시대에 대비하고 있다.

이미지 출처: https://chakratec.com/

업계는 석유 회사들이 100년 이상 구축한 주유소 네트워크와 막대한 자본을 활용해 전기차 충전소로 전환하고 관련 기술을 보유한 기업을 인수해 사업을 확장하면 누구보다 빠르게 '전기차 충전' 시장을 잠식할 수 있을 것으로 보고 있다.

(2) BP·쉘·셰브론 거대 석유사들이 벤처투자 늘리는 이유는[44)]

최근 실적 부진에 빠진 글로벌 석유회사들이 위기 돌파를 위해 청정 에너지에 대한 투

44) 조선비즈. 2020.01.19.

자를 늘리고 있다. 석유 중심의 사업에서 벗어나 미래를 대비하고, 기존 사업에 첨단기술을 적용해 온실가스 배출량을 줄인다는 계획이다.

수년간 글로벌 에너지 시장을 석권했던 브리티시페트롤리엄(BP), 엑손모빌, 로얄더치쉘, 셰브론 등은 최근 실적 부진과 '화석연료 퇴출 움직임'이라는 이중고를 겪고 있다. 지난해 국제유가 하락, 정제마진 악화 등의 영향으로 주요 석유회사들은 부진한 실적을 기록했다. 여기에 온실가스 감축을 요구하는 정부와 소비자, 투자자의 목소리가 커지면서 세계 최대 규모의 석유와 가스산업을 운영하는 이들이 여론의 뭇매를 맞고 있다.

이에 주요 석유회사들은 에너지 스타트업에 투자하는 벤처투자사를 설립하는 등 차세대 에너지 발굴과 육성에 적극 나서고 있다. 시장조사업체 CB인사이트에 따르면 BP와 로얄더치쉘, 토탈, 셰브론, 사우디 아람코 5개사가 세운 벤처투자사들의 투자액은 2015년과 2018년 사이 8배 증가했다. 과감한 투자를 통해 실적 회복과 기업 이미지 개선, 신성장동력 육성이라는 숙제를 풀겠다는 것이다.

영국과 네덜란드에 기반을 둔 쉘도 2050년까지 온실가스 배출량을 지금의 50% 수준으로 줄이기 위해 연간 10억~20억달러를 풍력·태양광·수소 등 청정에너지 사업에 투입하겠다고 발표했다. 지난 2018년부터는 '내연기관차 종식'을 대비해 전기차 충전사업에 진출했다.

VII. 결론

전기자동차 충전 인프라 시장은 양적 성장과 질적 발전을 동시에 이루며 성숙 단계로 접어들고 있다. 전 세계적으로 EV 보급곡선이 가팔라짐에 따라, 이를 떠받칠 충전 인프라의 중요성은 더욱 부각되고 있다. 한국, 미국, 유럽 등 주요 시장 모두 충전망 확충을 국가 전략의 하나로 삼고 있으며, 민간 기업들도 앞다투어 투자를 늘리고 혁신 기술을 선보이고 있다.

한국에서는 정부 목표에 힘입어 촘촘한 충전 인프라를 구축하기 위해 민관 협력이 강화되고 있다. 수도권뿐 아니라 전국 각 지역에 고르게 충전소가 설치되고, 초급속 충전기도 보편화되어가는 추세다. 국내 기업들은 우수한 기술력으로 급속 충전 장비 국산화에 성공했고, 적극적인 서비스 혁신으로 이용자 편의를 높이고 있다. 향후 한국 시장은 전기차 100만 대 시대를 넘어 전동화 대중화의 길로 들어설 것이며, 충전 인프라 업계는 그 기반을 책임지는 중추 산업으로 자리매김할 것이다.

미국에서는 정책 변화에 따른 다소간의 변동성이 있지만, 중장기적으로 거대한 충전 인프라 투자가 진행될 전망이다. 연방 및 주정부의 지원금이 집행되면 고속도로망을 비롯해 전국 규모의 충전 그물망이 형성될 것이다. 특히 2026년은 테슬라 NACS 표준의 부상, 주요 완성차들의 EV 라인업 확대 등으로 충전 표준과 네트워크 재편이 가속화되는 시기다. 이에 대응해 미국 충전 업계도 통합과 협력이 활발해지고 있으며, 향후에는 테슬라와 다른 사업자들 간 경계가 허물어져 하나의 거대한 인프라로 수렴될 가능성도 있다. 소비자 입장에선 더 편리하고 신뢰도 높은 충전 환경을 기대할 수 있다.

유럽은 이미 앞서나가는 EV 시장답게 충전 인프라 측면에서도 상당히 안정적 기반을 닦았다. 다만 국가별 편차를 줄이고, 고속도로 외에 농촌 지역까지 틈새 없는 충전망을 만드는 과제가 남아 있다. 2025년 AFIR 시행으로 초고속 충전소가 대륙 전역에 걸쳐 확충되면, 유럽은 장거리 여행조차 전기차로 원활히 할 수 있는 첫 번째 지역이 될 것이다. 또한 유럽은 V2G, 스마트그리드 연계 등 차세대 기술 실증에도 앞장서고 있어, 충전 인프라를 에너지 시스템의 유연성 자원으로 활용하는 모델이 현실화될 것으로 보인다. 이는 전력의 재생에너지화와 맞물려, 전기차가 달리는 배터리로서 전력망 안정을 돕는 선순환 구조를 만들 수 있다.

전반적으로, 전기차 충전 인프라 산업은 친환경 모빌리티 전환의 필수 인프라로서 공공성과 사업성을 모두 지닌 영역이다. 향후 10년간 수억 대에 이를 전기자동차들을 충전하려면 지금보다 몇 십 배의 충전기와 혁신적인 운용기술이 요구된다. 이에 따라 관련 기업들은 초고속·고효율 충전 기술 개발, AI 기반 최적화, 사용자 경험 개선, 그리고 지속가능한 에너지 사용에 방점을 두고 있다. 예를 들어 무선 충전 도로나 로봇 충전기 같은 미래 시나리오가 2030년경에는 현실화될 수 있고, 자율주행 차량의 자동 충전 등도 구현될 수 있다. 이러한 변화는 충전 인프라의 형태를 다양화하면서도, 궁극적으로는 사

용자가 의식하지 않고도 에너지가 채워지는 투명한(Embedded) 인프라를 지향한다.

마지막으로, 시장의 관점에서 보면 충전 인프라 분야는 새로운 협력과 경쟁의 장이다. 완성차 업체, 에너지 기업, 스타트업, 공공기관 등이 얽혀있는 생태계이므로, 한 기업이나 한 부문이 단독으로 성과를 내기 어렵다. 따라서 업계는 표준화 기구와 컨소시엄 등을 통해 협력을 도모하면서도, 한편으론 서비스 품질과 기술에서 앞서기 위한 선의의 경쟁을 계속할 것이다. 그 결과 승자는 소비자(전기차 운전자)와 환경이 될 것이며, 모두가 더 나은 이동성과 깨끗한 공기를 누리게 될 것이다.

요약하면, 2026년은 전기자동차 충전 인프라 시장이 본격적인 도약과 전환을 이루는 시기다. 양적으로 폭증하는 수요에 부응하여 인프라가 대규모로 깔리고, 질적으로 한층 편리하고 스마트한 충전 환경이 조성된다. 한국, 미국, 유럽 각 지역의 상황은 다소 다르지만 지향하는 바는 같다. 바로 언제 어디서나 전기차를 쉽게 충전할 수 있는 세상, 그리고 이를 통해 전기차가 내연기관차를 완전히 대체하는 미래다. 충전 인프라 시장의 플레이어들은 그 목표를 향해 오늘도 기술을 개발하고 투자를 아끼지 않고 있으며, 그 노력들이 모여 가까운 미래의 모빌리티 혁신을 실현할 것이다.

도 서 명: 전기자동차 충전 인프라 시장 보고서
저　　자: 비피기술거래
초판발행: 2026년 01월 16일
발 행 처: 비피기술거래
발 행 인: 박기혁
등록번호: 제2016-000034호
주　　소: 서울특별시 영등포구 버드나루로 130 1층 104호(당산동, 강변래미안)
Tel.(02) 535-4960　Fax.(02)3473-1469

Email. kyoceram@naver.com

만화 김영란법 Q&A

저자 김상목 / 30,000 원

동호인 테니스를 이기는 절대적인 방법 발리 [VOLLEY]

저자 박기혁 / 25,000 원

학교에서 배우지 않는 것들

글 김상목 그림 김서현 / 30,000 원

융합은 즐거움이다

저자 비피기술거래 / 30,000 원

누구나 이모티콘을 제작할 수 있다

저자 비피기술거래 / 60,000 원

블록체인 산업 지도를 바꾼다

저자 비피기술거래 / 60,000 원

자율주행자동차 인공지능 보고서

저자 비피기술거래 / 60,000 원

4차산업과 마이스(MICE) 컨벤션 산업의 발전

저자 박기혁, 송승룡, 비피국제회의기획 / 30,000 원

자율주행 자동차 시대를 위한 법적인 과제와 준비

저자 권영실 변호사 / 60,000 원

문재인 정부의 과학기술정책

저자 비피기술거래 / 60,000 원

001 유아용품 시장조사 보고서 (20161027 절판)

002 페라이트시트 관련 시장동향 보고서
저자 비피기술거래 / 120,000

003-2 [개정판] 페로브스카이트 태양전지 국내외 현황조사
저자 비피기술거래 / 120,000

004-1 [개정판] LED 산업 분석
저자 비피기술거래 / 120,000

005-1 [개정판] Silver Epoxy & Ink Cu ink&paste 시장보고서
저자 비피기술거래 / 120,000

006 확대되는 열가변저항기(Thermistor)의 기술, 시장 전망과 최근 개발 동향
저자 비피기술거래 / 120,000

007-1 [개정판] 자동차용 배기온도센서 관련 시장동향 보고서
저자 비피기술거래 / 120,000

008-1 [개정판] 골충전재 시장 조사 보고서
저자 비피기술거래 / 120,000

009-2 [개정판] 전고체전지 기술조사 보고서
저자 비피기술거래 / 120,000

010-1 [개정판] 티타늄 소재시장 가능성과 수요조사 보고서
저자 비피기술거래 / 120,000

011-1 [개정판] Etchant 기술동향 및 분석보고서
저자 비피기술거래 / 120,000

012-1 [개정판] 다공성세라믹 적용 산업 현황 보고서
저자 비피기술거래 / 90,000

013 [개정판] 열전발전소자 및 Hermetic sealing 관련 기술동향 및 분석 보고서 (20180214 절판)
저자 비피기술거래 / 120,000

014-1 [개정판] Fine Pitch 배선 형성용 구리에칸트 조사보고서
저자 비피기술거래 / 120,000

015-1 [개정판] 알루미늄 도금기술 접목한 섬유분야의 상용방안 및 시장성 보고서
저자 비피기술거래 / 120,000

016-1 [개정판] 쿼츠 Quartz 유리산업 분석을 통한 정밀광학기기 및 광학용부품 시장조사 보고서
저자 비피기술거래 / 120,000

017-1 고기능성 나노코팅 소재 보고서 (20170517 절판)

018-1 [개정판] 외발자전거 시장 조사 보고서
저자 비피기술거래 / 120,000

019-1 [개정판] 자전거 스마트폰 거치대 시장 조사 보고서
저자 비피기술거래 / 120,000

020-2 [개정판] 전력절감 시스템 시장조사 보고서
저자 비피기술거래 / 120,000

021-1 [개정판] 시멘트 산업 시장동향 보고서
저자 비피기술거래 / 120,000

022-2 [개정판] 1인 가구 증가에 따른 산업동향 변화보고서
저자 비피기술거래 / 120,000

023 전통문화의 시장 및 기술동향 – 한옥과 친환경주택
저자 비피기술거래 / 120,000

024 브렉시트(Brexit) 본질위기 유망산업 보고서
저자 비피기술거래 / 30,000

025 뉴로모픽기술과 시장보고서
저자 목하균 / 60,000

026-2 [개정판] 전기차 충전기 시장조사 보고서
저자 비피기술거래 / 120,000

027 신재생 에너지 기술 및 시장 분석
저자 김송호 / 60,000

028 테슬라의 한국 상륙–우리는 과거시대의 악몽을 반복할 것인가
저자 비피기술거래 / 60,000

029 김영란법 Q&A
저자 김상목 · 박기혁 / 60,000

030 회의를 디자인하라 (20180605 절판)
저자 김상목 / 30,000

031 도날드 트럼프 당선시의 한국경제, 기업에의 영향과 유망산업보고서
저자 비피기술거래 / 30,000

032 모바일 및 웨어러블 기기용 화학, 환경 센서 시장조사 보고서
저자 비피기술거래 / 120,000

033 전통문화의 시장 및 기술동향 – 전통식품
저자 비피기술거래 / 120,000

034 듀얼카메라 시장조사 보고서
저자 비피기술거래 / 120,000

035 기업들이 망하는 20가지 이유 – 신규 창업인이 회사를 망하게 하는 20가지 착각
저자 박기혁 / 30,000

036-2 [개정판] 모바일화에 따른 온라인 문화콘텐츠산업 동향
저자 비피기술거래 / 120,000

037-2 [개정판] 미세먼지에 관련된 국내시장분석 보고서
저자 비피기술거래 / 120,000

038-2 [개정판] 트렌드 변화에 따른 인테리어, 가구 시장 보고서
저자 비피기술거래 / 120,000

039 힐러리 클린턴의 집권이 우리나라에 미칠 영향
저자 비피기술거래 / 30,000

040-2 [개정판] MEMS 기술 산업 전략 보고서
저자 비피기술거래 / 60,000

041-2 [개정판] 반려동물 산업과 첨단 기술의 만남
저자 비피기술거래 / 60,000

042 할랄화장품
저자 비피기술거래 / 60,000

043 포켓몬go 성공요인과 파급 효과
저자 비피기술거래 / 30,000

044 융합은 즐거움이다 – 과학기술과 인문학의 collaboration
저자 비피기술거래 / 30,000

045 중국 의약품, 아동 의약품, 동물 의약품, 온라인 약국등의 시장과 제도 및 진출전략
저자 비피기술거래 / 60,000

046 조명시장과 OLED 시장보고서
저자 비피기술거래 / 60,000

047-1 [개정판] 고체산화물 연료전지(SOFC) 정책 및 시장과 개발 업체 동향, 기술현황과 사업아이템
저자 비피기술거래 / 120,000

048-1 [개정판] 방열소재시장과 기술동향
저자 비피기술거래 / 60,000

049 남성화장품 시장 조사 보고서
저자 비피기술거래 / 60,000

050 우리나라 지진역사와 주요국 대피시스템 비교 그리고 관련산업 동향
저자 목하균 / 60,000

051 집단 토론 면접 가이드 (20180605 절판)
저자 김상목 / 30,000

052 콘텐츠 큐레이션(Contents Curation)
저자 허두영 / 30,000

053 한국인이 두려워하는 대통령 트럼프가 제시한 5대중요정책(보호무역,한국혐오등)과 그에 대한 대처법 보고서 저자 비피기술거래 / 30,000

054 기후 변화와 녹색 성장
저자 김송호 / 60,000

055 적외선센서 보고서
저자 비피기술거래 / 120,000

056 교수 및 고위 공무원이 해외연수 잘 다녀오는 방법
저자 비피기술거래 / 30,000

057 그린 비즈니스 – 스마트 그리드그린건물 · LED 조명
저자 김송호 / 30,000

~~058 (만화) 김영란법 Q&A~~
~~저자 김상목 / 30,000~~

059 동호인 테니스게임에서 이기는 절대적 방법 – 발리
저자 박기혁 / 30,000

060 도널드 트럼프 당선 – 세계는 어떻게 될까
저자 비피기술거래 / 30,000

061 시스템 반도체 산업동향보고서
저자 목하균 / 120,000

062 R&D지원사업 200% 활용하기 연구소기업과 기업 부설연구소의 설립
저자 비피기술거래 / 25,000

063 COFFEE, 한 잔의 커피는 한 번의 여행과 같다
저자 이강복 / 30,000

064 대한민국 정치인과 기업인 리더가 트럼프의 대선 승리에서 배워야 할 7가지 교훈
저자 비피기술거래 / 60,000

~~065 주식시장리포트 – 이 주식들이 곧 오를 수밖에 없는 다섯 가지 이유~~
~~저자 비피기술거래 / 50,000~~

066-1 [개정판] 미국인이 사랑하는 미셸 오바마
저자 비피기술거래 / 30,000

067 그린 비즈니스 – 전기차와 이차전지
저자 김송호 / 60,000

068-1 [개정판] 화합물 반도체산업 동향 보고서
저자 박진석 / 120,000

069 중국 가전제품 시장 보고서
저자 비피기술거래 / 120,000

~~070 학교에서 배우지 않는 것들 – 어른이 되기 위한 인생 필수 교과서~~
~~저자 김상목 · 김서현 / 120,000~~

071 B급 전략 평범한 회사나 개인도 절대로 망하지 않게 하는 특급전략
저자 박기혁 / 30,000

072-1 [개정판] 편의점 사업의 현재와 미래 편의점 사업 이대로 좋은가
저자 비피기술거래 / 120,000

073 뉴요커를 사로잡을 7가지 사업 아이템
저자 비피기술거래 / 60,000

074 유커 발길을 잡아라 – 유커 관광산업 보고서
저자 비피기술거래 / 60,000

075-1 [개정판] 생활화학제품 이대로 좋은가? – 화학제품 공포증의 올바른 이해
저자 비피기술거래 / 60,000

076-2 [개정판] 베지테리안 국내외 채식주의 산업 시장 보고서
저자 비피기술거래 / 120,000

077-2 [개정판] 탄소섬유 국내외 기술 및 시장동향과 업계 현황 보고서
저자 김상목 · 박기혁 / 120,000

078 일본 이화학연구소 – 리켄(RIKEN)심층연구
저자 비피기술거래 / 60,000

079 정전기 방전 기술과 시장동향 보고서
저자 비피기술거래 / 60,000

080 만화 – 박사장의 집단토론면접가이드
저자 김상목 · 비피기술거래 / 30,000

081-1 [개정판] 반도체 멤스프로브카드의 최신 기술 및 시장 동향보고서
저자 비피기술거래 / 60,000

082 융합기술이 답이다 – 일본과 우리나라의 기술융합정책
저자 비피기술거래 / 60,000

083 대학교수 고위공무원의 1년연수(안식년, sabbatical) 잘 다녀오는 법
저자 박기혁 · 이인성 / 30,000

084 유아용품 시장동향 보고서 – 중국 유아용품시장을 중심으로
저자 비피기술거래 / 120,000

085 누구나 이모티콘을 제작할 수 있다 – 이모티콘의 현재와 미래시장 현황과 제작 및 등록방법
저자 비피기술거래 / 60,000

086 절삭공구에 대한 유저들의 니즈 파악 및 세라믹 응용 가능 분야 연구보고서
저자 비피기술거래 / 30,000

087 만화 – 박사장의 사업툰
저자 박기혁 · 비피기술거래 / 30,000

088 로드리고 두테르테의 명과 암 그리고 도널드트럼프
저자 비피기술거래 / 60,000

089 쾌남 이재명, 그는 누구인가? (20191121 절판)
저자 김상목 / 30,000

090-2 [개정판] 블록체인 산업 지도를 바꾼다
저자 비피기술거래 / 60,000

091 스퍼터(Sputter) 및 스퍼터링(Sputtering) 관련 산업 및 기업 시장 조사 보고서
저자 비피기술거래 / 60,000

092 자율주행자동차 시대를 위한 법적인 과제와 준비
저자 권영실 / 60,000

093-2 [개정판] 자율주행자동차 인공지능 보고서
저자 비피기술거래 / 60,000

094 삼일만에책한권쓰기프로젝트
저자 박기혁 / 30,000

095 헬시 클린턴,무대에서다 – 反트럼프의 비상구
저자 비피기술거래 / 30,000

~~096 문재인 정부의 과학기술정책~~
~~저자 비피기술거래 / 60,000~~

097 일상 생활에서 사용하는 전기차 이야기 – 전기차의 매력
저자 안규찬 · 이봉길 / 60,000

098 만화 – 평범한 회사나 개인도 절대로 망하지 않게 하는 특급 B급 전략
저자 비피기술거래 / 30,000

099 만화로 읽는 학교에서 배우지 않는 것들 – 어른이 되기 위한 인생필수 교과서
저자 김상목 · 비피기술거래 / 30,000

100 문재인 정부의 부동산 정책 분석
저자 박기혁 · 변한수 · 비피기술거래 / 60,000

BP Book List

101 알고 싶은 철도산업 이야기
저자 비피기술거래 / 60,000

102 사이버 섹스 산업
저자 비피기술거래 / 30,000

103 동호인 테니스를 끝내 이기기 위한 살인병기: 결정발리, 서브, 스매싱
저자 박기혁 / 25,000

104 동호인 테니스, 심리학과 심리전으로 무장하면 백전백승
저자 박기혁 / 25,000

105 4차산업과 마이스(MICE) 컨벤션 산업의 발전
저자 박기혁 · 송승룡 · 비피국제회의기획 / 30,000

106 건강한 피를 만들기 위한 섭취법
저자 비피기술거래 / 30,000

107 만화로 읽는 3일만에 책한권쓰기 프로젝트
저자 박기혁, 그림 비피기술거래 / 30,000

108 미생 몸매 소유자가 들려주는 완생 다이어트
저자 박기혁 / 30,000

109 메모의 마법 – 책이 술술술 써지는 메모 습관
저자 박기혁 / 30,000

110 노벨 두드림: 이 책 읽고 노벨상 받자 〈노벨평화상〉
편집 비피기술거래 / 30,000

111 노벨 두드림: 이 책 읽고 노벨상 받자 〈노벨문학상〉
편집 비피기술거래 / 30,000

112 노벨 두드림: 이 책 읽고 노벨상 받자 〈노벨물리학상 1〉
편집 비피기술거래 / 30,000

113 노벨 두드림: 이 책 읽고 노벨상 받자 〈노벨물리학상 2〉
편집 비피기술거래 / 30,000

114 노벨 두드림: 이 책 읽고 노벨상 받자 〈노벨화학상 1〉
편집 비피기술거래 / 30,000

115 노벨 두드림: 이 책 읽고 노벨상 받자 〈노벨생리의학상 1〉
편집 비피기술거래 / 30,000

116 노벨 두드림: 이 책 읽고 노벨상 받자 〈노벨화학상 2〉
편집 비피기술거래 / 30,000

117 노벨 두드림: 이 책 읽고 노벨상 받자 〈노벨생리의학상 2〉
편집 비피기술거래 / 30,000

118 노벨 두드림: 이 책 읽고 노벨상 받자 〈노벨경제학상 2〉
편집 비피기술거래 / 30,000

119 후미진 곳의 매출부진 카페에 손님이 들게 하는 마법–카피스 카페 설립하기
저자 박기혁 · 송승룡 · 비피기술거래 / 30,000

120 현직 카페 주인 100명이 말하는 카페 커피숍 무조건 망하니까 절대 하지마라
저자 박기혁 · 송승룡 · 비피기술거래 / 30,000

121 현직 카페 사장 100인이 말하는 성공하는 서점겸 카페 차리기
저자 박기혁 · 송승룡 · 비피기술거래 / 30,000

122 현직 카페 사장 100인이 말하는 커피숍 바리스타
저자 박기혁 · 송승룡 · 비피기술거래 / 30,000

123-2 [개정판] 미래산업시리즈 – 3D 스캐닝 산업
저자 비피기술거래 / 60,000

124 124.성공하는 카페는 이렇게 일한다
저자 비피기술거래 / 30,000

125-2 [개정판] 드론 그것이 궁금하다
저자 비피기술거래 / 60,000

126 냉면으로 대박나는 요식업 창업전략 (20180430 절판)
저자 비피기술거래 / 60,000

127 위조 방지 기술
저자 비피기술거래 / 60,000

128-2 [개정판] 뉴로모픽 그것이 궁금하다
저자 비피기술거래 / 60,000

129-1 [개정판] 4차 산업혁명의 기회 – 누구나 뉴칼라가 될 수 있다
저자 비피기술거래 / 60,000

130 산전수전 다겪은 선배가 알려주는 캠퍼스 라이프 꿀팁
저자 비피기술거래 / 30,000

131 하루만에 끝내는 전자회로 개론
저자 비피기술거래 / 30,000

132 휴대폰 호갱 탈출기 (20180330 절판)
저자 비피기술거래 / 30,000

133 소비자를 사로잡는 특별한 10퍼센트: 스페셜티 카페의 모든것
저자 비피기술거래 / 30,000

134 원소의 탄생일지1: 주기율표song
저자 비피기술거래 / 60,000

135 4차 산업혁명 파생산업 시리즈: PID 센서
저자 비피기술거래 / 60,000

136 에코–프렌들리 비즈니스의 첫걸음: 난 돈 벌면서 커피 찌꺼기 버린다
저자 비피기술거래 / 30,000

137 4차 산업혁명 파생산업 시리즈: 에너지 절약형 유리
저자 비피기술거래 / 60,000

138 21세기 팥빙수 백서 (20180531 절판)
저자 비피기술거래 / 30,000

139 온 국민이 즐기는 응원제
저자 비피기술거래 / 30,000

140 전 세계에 파란을 예고한 물 부족_인쇄용
저자 비피기술거래 / 30,000

141-1 [개정판] 똑똑한 AI를 만드는 작은 차이, 머신러닝과 딥러닝
저자 비피기술거래 / 60,000

142 4차 산업혁명 파생산업 시리즈: 저온 동시 소성 세라믹스
저자 비피기술거래 / 60,000

143 원소의탄생일지2: 전이금속
저자 비피기술거래 / 30,000

144 원소의탄생일지3: 세계자원확보전쟁의 주인공 희토류
저자 비피기술거래 / 30,000

~~145 천원이면 누구나 할 수 있는 복권 재테크 – 로또복권~~
~~저자 비피기술거래 / 30,000~~

146 폭락장 속의 생존기술: 가상화폐의 기초 이해하기
저자 비피기술거래 / 30,000

147 한권으로 끝내는 텐서플로, AI 머신러닝 개발하기
저자 비피기술거래 / 30,000

148 4차 산업혁명 파생산업 시리즈: 주문형 반도체 산업
저자 비피기술거래 / 60,000

~~149 Why(Y)세대 트렌드; 털(毛)털(毛)한 남자_최종~~
~~저자 비피기술거래 / 30,000~~

150 1퍼센트를 위한 한국과 중국의 도자기 산업백서
저자 비피기술거래 / 30,000

151-1 [개정판] 4차 산업혁명 파생 기술 시리즈; 스마트 그리드와 사물인터넷, 빅데이터의 이해
저자 비피기술거래 / 60,000

152 나는 비트코인 말고 미생물에 투자하기로 결심했다; 떠오르는 에코 프랜들리 비즈니스
저자 비피기술거래 / 60,000

153 주(住)목하라,삶의 공간에 관한 디자인과 인테리어
저자 비피기술거래 / 30,000

154-1 [개정판] 4차 산업혁명 파생 산업 시리즈: ICT 서비스 산업
저자 비피기술거래 / 60,000

155 알기 쉬운 암호 기술 변천사; 고전기술에서 비트 코인까지
저자 비피기술거래 / 60,000

~~156 청춘의 연애심리학: 올해는 반드시 연애 많이 하는 남자가 되자~~
~~저자 비피기술거래 / 30,000~~

157 한권으로 끝내는 전기공학 개론
저자 비피기술거래 / 60,000

158 4차 산업혁명 파생 기술 시리즈; 반도체 공정 중 다공성 회전 바이스 산업 분석
저자 비피기술거래 / 60,000

159 한권으로 끝내는 블록체인 원천 기술: 현대의 암호학
저자 비피기술거래 / 60,000

160 4차산업혁명 파생기술 시리즈: 수소에너지 제조 기술
저자 비피기술거래 / 60,000

161 당신도 할 수 있다 청춘 재테크; 자취방부터 주택 청약까지
저자 서울대OB주식연구회 / 30,000

~~162 캠핑 마스터, 오감으로 즐기는 365일 캠핑~~
~~편집 비피엔터컨텐츠연구소 / 30,000~~

163 4차산업혁명 파생기술 시리즈: 에너지 저장 기술 (ESS) (20190425 절판)
저자 비피기술거래 / 60,000

164 제4차 산업혁명의 꽃 전장사업: 왜 삼성은 전장사업에 목숨을 걸까
저자 비피기술거래 / 60,000

165 PD, 작가들이 즐겨보는 방송소재집; 요식업 창업 전략 '냉면' 편
편집 비피엔터컨텐츠연구소 / 30,000

166 청춘 산업 보고서; PD, 드라마 작가, 소설가들이 꼭 봐야할 참신한 이야기
편집 비피엔터컨텐츠연구소 / 30,000

167-1 [개정판] 4차 산업혁명 벨류체인 및 ICT 산업 전략 분석
저자 비피기술거래 / 60,000

168 잘 나가는 BJ 들의 비밀 코드; 1인 미디어 플랫폼 시장 산업 분석
편집 비피엔터컨텐츠연구소 / 30,000

169 동호인 테니스, 고수가 되는 법은 손목에 있다
저자 박기혁 / 25,000

170 인터넷쇼핑 싸게 잘하는 핵꿀팁
편집 비피엔터컨텐츠연구소 · 조아영 / 30,000

171 떠오르는 태양 E-SPORTS
편집 비피엔터컨텐츠연구소 / 30,000

172 인공지능 시대에 대비한 지방대생 성공전략
저자 김송호 / 30,000

173-1 [개정판] 주식투자자들이 꼭 알아야 할 인공지능 트렌드와 주요기업 현황
저자 비피기술거래 · 한상훈 / 60,000

174-1 [개정판] 인슈어테크 산업전망 및 발전전략 보고서
저자 비피기술거래 / 60,000

175-1 가상현실, 증강현실 산업 분석
저자 비피기술거래 / 60,000
보고서

176 연수 첫 날 나눠주는 다른 회사 메뉴얼 훔쳐보기
저자 박기혁 · 비피기술거래 / 30,000

177 세계 환경과 관련한 사건, 사고 분석 보고서
저자 비피기술거래 / 30,000

178 4차 산업혁명을 현명하게 헤쳐나갈 유아교사를 위한 안내서
저자 비피교육연구소 / 30,000

179-1 [개정판] 4차 산업혁명 시대의 바이오 산업 분석 보고서
저자 비피기술거래 / 60,000

180 잘 팔리는 책을 빨리 쓰는 방법; 커피타임즈 글쓰기 책내기 센터 전략서
저자 비피기술거래 / 30,000

181 미생 몸매 소유자가 들려주는 완생 다이어트 (한국어,베트남어)
저자 비피기술거래 / 30,000

182-1 [개정판] 정부도 인정한 4차 산업의 핵심, GAME 산업의 1 to 100
저자 비피기술거래 / 60,000

183 경력단절 여성들이여 친정오빠 말대로 글쓰고 책내서 돈도 벌렴
저자 비피기술거래 / 25,000

184 4차 산업혁명 시대의 로봇 백서; 로봇 기술의 모든 것
저자 비피기술거래 / 30,000

185 디스플레이 전쟁
저자 비피기술거래 / 60,000

186 베트남에서 사업하고 싶은 사람을 위한 베트남 정보 개론
저자 비피기술거래 / 30,000

187 현직카페 사장 100인이 말하는 카페손님으로서의 공부족 연구
저자 비피기술거래 / 30,000

188 O2O 전쟁터 4차 산업혁명 시대의 숙박산업 보고서
저자 비피기술거래 / 60,000

189 리스닝 완벽하게 하기; 말하는 사람의 단어 하나하나를 충실히 듣기와 새기기
저자 비피기술거래 / 30,000

190-1 [개정판] 인공지능 기술과 콘텐츠 전쟁의 현주소; 최신 기술 및 유망산업 백서
저자 비피기술거래 / 60,000

191 정부도 인정한 4차 산업의 핵심, GAME 산업의 1 to 100 (한국어베트남어)
저자 비피기술거래 / 60,000

192 마음의 힐링, 인생 사업의 혁신을 위해 알래스카를 다녀와야 할 45가지 이유
저자 비피기술거래 / 30,000

193-1 [개정판] 백세시대를 준비하는 헬스케어 산업의 동향과 전망
저자 비피기술거래 / 60,000

194 마이크로웨이브 건조기술 백서
저자 비피기술거래 / 60,000

195 인도에서 사업하고 싶은 사람을 위한 인도 정보 개론
저자 비피기술거래 · 박기혁 공저 / 30,000

196 현장의 유아교사를 위한 유아 교육프로그램
저자 비피교육연구소 / 30,000

197 화장품 사업 개론
저자 비피기술거래 / 30,000

198-1 [개정판] 4차 산업혁명의 핵심; 에너지 신기술 보고서
저자 비피기술거래 · 한상훈 / 60,000

199 4차 산업과 마이스(MICE) 컨벤션 산업의 발전 (한국어,베트남어)
저자 비피기술거래 / 30,000

200 혼자 영화 보기의 46가지 장점과 소확행 이야기
저자 비피기술거래 / 30,000

201-1 [개정판] 이너뷰티와 4차 산업혁명의 만남; 건강기능식품 산업 보고서
저자 비피기술거래 / 60,000

202 MIT 10대 유망 기술과 유관 산업 분석
저자 비피기술거래 / 30,000

203 동호인 테니스, 배드민턴처럼 치면 금방 고수가 된다
저자 박기헌 / 25,000

204 PD, 작가들이 즐겨보는 방송소재집;청춘이 열광하는 음악에 대한 이야기
저자 비피엔터컨텐츠연구소 / 30,000

205 카페 커피숍 무조건 망하니까 절대 하지마라 (베트남어)
저자 비피베트남어연구회 / 30,000

206 모으고, 절약하고, 불리는 재테크의 모든 것
저자 서울공대OB주식연구회 / 30,000

207 누구나 쉽게 무료로 저자가 될 수 있다
저자 비피생활문화연구소 / 30,000

208 작지만 강한 카페로 살아남는 법; 책 저자를 무료로 만들어 주는 카페
저자 비피생활문화연구소 / 30,000

209-1 [개정판] 4차 산업시대의 스마트 가전
저자 비피기술거래 / 60,000

210 베트남인 생활 관찰 정보를 통한 유망 사업 수요 분야 정리
저자 비피기술거래 / 30,000

211 좋은 수업을 꿈꾸는 유아교사를 위한 발문 안내서
저자 비피교육연구소 / 30,000

212 중미 무역 전쟁; 뉴패러다임의 도래와 우리의 과제
저자 비피기술거래 / 30,000

213-1 [개정판] 5G 시대의 도래와 정보 보안
저자 비피기술거래 / 60,000

214-1 [개정판] 4차 산업혁명 시대의 교육 산업의 변화
저자 비피교육연구소 / 30,000

215-1 [개정판] 4차 산업혁명과 힐링산업 코드
저자 비피기술거래 / 30,000

216-1 [개정판] 4차 산업혁명 시대의 무인산업 안내서
저자 비피기술거래 / 60,000

217 작은 카페 차려서 망하지 않으려면 카페와 출판사를 같이 차려라
저자 비피기술거래 / 30,000

218 잘 팔리는 책을 빨리 쓰는 방법; 커피타임즈 글쓰기 책내기 센터_베트남어
저자 비피베트남어연구회 / 30,000

219 4차 산업혁명과 공유 경제; 공유 플랫폼 전략
저자 비피기술거래 / 30,000

220 작은 카페 창업은 셀프 카페, 스터디 카페, 무인 카페로 손해를 줄여라
저자 비피생활문화연구소 / 30,000

221 독후감으로 읽는 대학생이라면 꼭 읽어야 할 필독도서
저자 비피교육연구소 / 30,000

222 비평문으로 읽는 대학생이라면 꼭 읽어야 할 필독도서
저자 비피교육연구소 / 30,000

223 산업 트렌드로 꿰뚫는 창업전략; 코인노래방
저자 비피생활문화연구소 / 30,000

224 한반도 폭염을 정책과 사업, 소확행 관점에서 심상치 않게 볼 57가지 이유
저자 비피기술거래 / 30,000

225 4차 산업혁명시대의 자율주행 자동차 산업백서
저자 비피기술거래 / 60,000

226 3일 만에 책 한 권 쓰기 프로젝트 (베트남어)
저자 비피베트남어연구회 / 30,000

227 미술활동을 좋아하는 유아교사를 위한 아동미술심리 입문하기
저자 비피교육연구소 / 30,000

228 새벽 지하철이 부와 건강을 가져다주는 26가지 이유; 소확행과 글쓰기
저자 비피생활문화연구소 / 30,000

229 창업 대비 필수 마케팅 전략 보고서
저자 비피기술거래 / 30,000

230 PD, 작가들이 즐겨보는 방송소재집; 글쓰기로 우울증 극복하는 방법
저자 비피기술거래 / 30,000

231 하루만에 끝내는 전자회로 개론
저자 비피생활문화연구소 / 30,000

232 누구나 쉽게 무료로 저자가 될 수 있다 (베트남어)
저자 비피베트남어연구회 / 30,000

233 PD, 작가들이 즐겨보는 스토리 소재집; 치과의사와 치과병원편
저자 비피생활문화연구소 / 30,000

234 잘 나가는 유튜브와 책 만들기; 13가지 이유라는 식으로 제목을 잡아라
저자 비피생활문화연구소 / 30,000

235 LG화학주식 매수 전 알아야 할 용어와 이슈 54가지
저자 서울공대OB주식연구회 / 30,000

236 작지만 강한 카페로 살아남는 법; 책 저자를 무료로 만들어 주는 카페(베트남어)
저자 비피베트남어연구회 / 30,000

237 박항서 감독이 몰고 온 베트남 바람
저자 비피기술거래 / 30,000

238 삼성전자 주식 매수 전 알아야 할 용어와 이슈 30가지
저자 서울공대OB주식연구회 / 30,000

239 회사의 자금을 원활히 조달하는 방법; 작은 회사 대표도 할 수 있는 미니 M&A
저자 비피기술거래 / 30,000

240 해외에서 글을 쓰면 빨리 좋은 글이 써지는 59가지 이유; 소확행적 해외 글쓰기 꿀팁
저자 비피생활문화연구소 / 30,000

241 미국 방열기판 시장 동향 조사 분석
저자 비피기술거래 / 60,000

242 장사가 부진한 카페는 상담 카페로 전환해서 적자를 면하라
저자 비피생활문화연구소 / 30,000

243 해외에서 유튜브 아이디어를 구상하면 좋은 63가지 이유; 유튜브 시장 성공전략 1
저자 비피생활문화연구소 / 30,000

244 잘 나가는 웹툰 만들기; 13가지 이유라는 식으로 제목을 잡아라
저자 비피생활문화연구소 / 30,000

245 예술의 17가지 속성을 이해해야 1인 미디어로 돈 번다; 유튜브 시장 성공전략 2
저자 비피생활문화연구소 / 30,000

246 셀트리온 3형제 주식 매수 전 알아야 할 이슈와 용어 34가지
저자 서울공대OB주식연구회 / 30,000

247 중국 방문 없이 중국을 빠르게 이해하는 법; 유튜브 시장 성공전략 3
저자 비피생활문화연구소 / 30,000

248 원격의료 그 논란의 속살을 파헤친다
저자 비피기술거래 / 60,000

249 4개 국어에 능통하면 유튜버와 소확행에 좋은 10가지 이유; 유튜브 시장 성공전략 4
저자 비피생활문화연구소 / 30,000

250 닌텐도 주식 투자 전 알아야 할 닌텐도의 모든 것
저자 서울공대OB주식연구회 / 30,000

251 외국어 들리는 대로 한글로 적어라; 4개 국어 하는 취준생 양성 프로젝트 1
저자 비피생활문화연구소 / 30,000

252 4개 국어 하는 고경력 은퇴자 양성 프로젝트 1; 외국어 들리는 대로 한글로 적어라
저자 비피생활문화연구소 / 30,000

253 전문가가 말하는 화장품업 진입 및 미래 생존전략; 사업자를 위한 화장품 정보 각론
저자 비피뷰티바이오사업부 / 30,000

254 미국이 중국 푸젠반도체를 제재함의 경제 정책적 의미; 주식 시장 영향 분석집 1
저자 서울공대OB주식연구회 / 30,000

255 SK텔레콤 주식 매수 전 알아야 할 용어와 이슈 41가지; 주식 시장 영향 분석집 2
저자 서울공대OB주식연구회 / 30,000

256 동진쎄미켐 주식 매수 전 알아야 할 용어와 이슈 55가지; 주식 시장 영향 분석집 3
저자 서울공대OB주식연구회 / 30,000

257 중국 푸젠반도체를 트럼프가 제재함의 산업 정책적 의미; 정책가와 테크노파크 연구원 필독서 1
저자 비피기술거래 / 30,000

258 외국어 들리는 대로 한글로 적어라; 4개 국어 하는 기업 간부 양성 프로젝트 1
저자 비피생활문화연구소 / 30,000

259 중국제조 2025; 미중 무역 전쟁의 배경과 전망
저자 비피기술거래 / 30,000

260 아디다스, 나이키 주식 매수 전 알아야 할 키워드 48가지; 주식 시장 영향 분석집 4
저자 서울공대OB주식연구회 / 30,000

261 공부의 신들이 말하는 변호사 시험 무조건 합격하는 법 1; 주관식 시험 눈으로만 보면 망한다
저자 비피생활문화연구소 / 30,000

262 신라젠 주식 매수 전 알아야 할 용어와 이슈 30가지; 주식 시장 영향 분석집 5
저자 서울공대OB주식연구회 / 30,000

263 키워드를 선점해야 돈 번다; 유튜브 시장 성공전략 5
저자 비피생활문화연구소 / 30,000

264 해외에서 글을 쓰면 빨리 좋은 글이 써지는 59가지 이유 (베트남어)
저자 비피베트남어연구회 / 30,000

265 삼성바이오로직스 주식 매수 전 알아야 할 용어와 이슈 54가지; 주식 시장 영향 분석집 6
저자 서울공대OB주식연구회 / 30,000

266 푸젠반도체를 둘러싼 미중 무역전쟁과 반도체 상식 늘리기; 취업 면접 대비집
저자 비피기술거래 / 30,000

267 탄수화물 섭취 체계적으로 줄이기; 건강하게 다이어트 하는 법 1
저자 비피생활문화연구소 / 30,000

268 주관식 시험 눈으로만 보면 망한다; 공부의 신들이 말하는 행정고시 무조건 합격하는 법 1
편집 비피엔터컨텐츠연구소 / 30,000

269 네이버 주식 매수 전 알아야 할 키워드 39가지; 주식 시장 영향 분석집 7
저자 서울공대OB주식연구회 / 30,000

270 책 읽어주는 유튜브; 유튜브 시장 성공전략 6
저자 비피생활문화연구소 / 30,000

271 게임 관련 기업 주식 매수 전 알아야 할 용어와 이슈 31가지; 주식 시장 영향 분석집 8
저자 서울공대OB주식연구회 / 30,000

272 한미약품 주식 매수 전 알아야 할 용어와 이슈 56가지; 주식 시장 영향 분석집 9
저자 서울공대OB주식연구회 / 30,000

273 미디어 플랫폼 기업 주식 매수 전 알아야 할 용어와 이슈 30가지; 주식 시장 영향 분석집 10
저자 서울공대OB주식연구회 / 30,000

274 투잡 유튜버가 돼야 오래 간다; 유튜브 시장 성공전략 7
저자 비피생활문화연구소 / 30,000

275 외국어 문법 상관없이 듣고 적어라; 4개 국어 하는 유튜버 양성 프로젝트 1
저자 비피생활문화연구소 / 30,000

276 4차 산업혁명 시대를 뒷받침하는 핵심 소재 이야기
저자 비피기술거래 / 60,000

277 외국어 2음절씩 리듬 타고 들어라; 4개 국어 하는 유튜버 양성 프로젝트 2
저자 비피생활문화연구소 / 30,000

278 대웅제약 주식 매수 전 알아야 할 용어와 이슈 58가지; 주식 시장 영향 분석집 11
저자 서울공대OB주식연구회 / 30,000

279 장기적 불황을 타개하고 산업을 선도할 수출 효자 종목 및 국내 유망 신산업 11가지
저자 비피기술거래 / 30,000

280 역량의 10프로만 유튜브에 투자하라; 출판사에서 유튜브 회사로의 전환 전략 1
저자 비피생활문화연구소 / 30,000

281 베스트 요약으로 제목과 타겟을 정하라; 출판사에서 유튜브 회사로의 전환 전략 2
저자 비피생활문화연구소 / 30,000

282 GC녹십자 주식 매수 전 알아야 할 용어와 이슈 62가지; 주식 시장 영향 분석집 12
저자 서울공대OB주식연구회 / 30,000

283 카카오뱅크 모임통장이 대박 난 이유; 주식 시장 영향 분석집 13
저자 서울공대OB주식연구회 / 30,000

284 한국전력 주식 매수 전 알아야 할 용어와 이슈; 주식 시장 영향 분석집 14
저자 서울공대OB주식연구회 / 30,000

285 화학회사들이 올인하는 TIM과 엘라스토머 등 전기차 방열문제 트렌드; 주식 시장 영향 분석집 15
저자 서울공대OB주식연구회 / 30,000

286 일동제약 주식 매수 전 알아야 할 용어와 이슈 49가지; 주식 시장 영향 분석집 16
저자 서울공대OB주식연구회 / 30,000

287 유한양행 주식 매수 전 알아야 할 용어와 이슈 48가지; 주식 시장 영향 분석집 17
저자 서울공대OB주식연구회 / 30,000

288 전자책 이북과 유튜브를 같이 하라; 출판사에서 유튜브 회사로의 전환 전략 3
저자 비피생활문화연구소 / 30,000

289 종근당 주식 매수 전 알아야 할 용어와 이슈 52가지; 주식 시장 영향 분석집 18
저자 서울공대OB주식연구회 / 30,000

290 한 권으로 살펴보는 에너지저장시스템 (ESS)
저자 비피기술거래 / 60,000

291 의미 부여로 단어를 외우고 눈으로 받아쓰라_ 4개 국어 하는 유튜버 양성 프로젝트 3
저자 비피생활문화연구소 / 30,000

292 현대자동차 주식 매수 전 알아야 할 용어와 이슈_ 주식 시장 영향 분석집 19
저자 서울공대OB주식연구회 / 30,000

293 에너지저장시스템(ESS)과 관련한 최신 이슈 26가지
저자 비피기술거래 / 60,000

294 사회복지직공무원 시험 마약 암기법
저자 비피공무원시험연구소 / 30,000

295 JW중외제약의 핫 키워드와 이슈 모르면 주식 대박 힘들다
저자 서울공대OB주식연구회 / 30,000

296 9급 일반행정직 시험 모르면 나만 떨어지는 마약 암기법
저자 비피공무원시험연구소 / 30,000

297 9급 일반행정직 마약 암기에 따른 문제풀이법
저자 비피공무원시험연구소 / 30,000

298 반도체주의 핫 키워드와 이슈 모르면 주식 대박 힘들다_ SK하이닉스 편
저자 서울공대OB주식연구회 / 30,000

299 자율주행 자동차주의 핫 키워드와 이슈 모르면 주식 대박 힘들다_ 현대모비스 편
저자 서울공대OB주식연구회 / 30,000

300 7급 일반행정직 공무원시험 모르면 나만 떨어지는 마약 암기법
저자 비피공무원시험연구소 / 30,000

301 JLPT N4,N5 단어 기독교 신앙심으로 초스피드 외우기
저자 비피일본어연구회 / 19,500

302 최단시간으로 중국어 HSK 2~4급 획득하는 법
저자 비피중국어연구회 / 19,500

303 1인 미디어플랫폼주의 핫 키워드와 이슈 모르면 주식 대박 힘들다
저자 서울공대OB주식연구회 / 19,500

304 5G 빅사이클 시작, 이동통신 3사의 핫 키워드와 이슈 모르면 주식 대박 힘들다
저자 서울공대OB주식연구회 / 19,500

305 5G 최대수혜주, 통신장비업종 3사의 핫 키워드와 이슈 모르면 주식 대박 힘들다
저자 서울공대OB주식연구회 / 19,500

306 기출로 보는 임상심리사 2급 필기_ 최단 시간 마약 암기 문제풀이법
저자 최단시간임상심리사연구회 / 19,500

307 전교 20등을 전교 5등으로 만드는 문제풀이법
저자 전교5등클리닉 / 19,500

308 5G 최대수혜주, 5G폰 부품업체 4사의 핫 키워드와 이슈 모르면 주식 대박 힘들다
저자 서울공대OB주식연구회 / 19,500

309 핀테크 관련 최대수혜주의 핫 키워드와 이슈 모르면 주식 대박 힘들다
저자 서울공대OB주식연구회 / 19,500

310 9급 법원직 공무원시험 모르면 나만 떨어지는 마약 암기법
저자 최단시간공무원시험연구소 / 19,500

311 주택관리사 민법총칙 직장 다니며 공부하는 노하우와 최단시간 문제풀이법
저자 최단시간주택관리사시험연구소 / 19,500

312 신라젠 회사 취업을 위해 꼭 알아야 할 용어와 이슈
저자 비피기술거래 / 19,500

313 7급 공무원 행정법 암기 노하우와 최단시간 문제풀이법
저자 최단시간공무원시험연구소 / 19,500

314 불황없는 엔젤산업 최대수혜주 핫 키워드와 이슈 모르면 주식 대박 힘들다
저자 비피기술거래 / 19,500

315 9급 공무원 행정학 암기 노하우와 최단시간 기출문제풀이법
저자 최단시간공무원시험연구소 / 19,500

316-1 [개정판] 삼성바이오로직스 취업을 위해 꼭 알아야 할 용어와 이슈
저자 비피기술거래 / 19,500

317 9급 공무원 행정학 모르면 나만 떨어지는 핵심 키워드 (인사편)
저자 최단시간공무원시험연구소 / 19,500

318 SK텔레콤 취업을 위해 꼭 알아야 할 용어와 이슈
저자 비피기술거래 / 19,500

319 토익 LC 고득점을 위해 헷갈리는 부분 정복하기_ 영국 호주식 발음
저자 최단시간토익시험연구소 / 19,500

320 공부의 신들이 말하는 변리사 시험 무조건 합격하는 법_ 주관식 시험 눈으로만 보면 망한다
저자 최단시간변리사시험연구소 / 19,500

321 4차 산업혁명의 핵심 스마트시티 최대 수혜주 핫 키워드와 이슈 모르면 주식 대박 힘들다
저자 서울공대OB주식연구회 / 19,500

322 대웅제약 취업을 위해 꼭 알아야 할 용어와 이슈
저자 비피기술거래 / 19,500

323 블록체인 플랫폼 최대수혜주 4대 기업과 핵심이슈 모르면 주식 대박 힘들다
저자 서울공대OB주식연구회 / 19,500

324 GC녹십자 취업을 위해 꼭 알아야 할 용어와 이슈
저자 비피기술거래 / 19,500

325 9급 법원직 공무원시험 민법총칙 직장 다니며 공부하는 노하우와 최단시간 문제풀이법
저자 최단시간공무원시험연구소 / 19,500

326 5G 시대 IOT 최대 수혜주 3대 기업과 핵심이슈 모르면 주식 대박 힘들다
저자 서울공대OB주식연구회 / 19,500

327 한국전력 취업을 위해 꼭 알아야 할 용어와 이슈
저자 비피기술거래 / 19,500

328 5급 공무원 2차 주관식시험 반드시 합격한다_ 서브노트 과연 필요한가
저자 최단시간공무원시험연구소 / 19,500

329 핀테크(FinTech)관련 산업 전망과 핵심기업 핫이슈
저자 비피기술거래 / 19,500

330 수능 일본어 한글 활용 단어장과 최단시간 암기법
저자 최단시간일본어연구회 / 19,500

331 유한양행 취업을 위해 꼭 알아야 할 용어와 이슈
저자 비피기술거래 / 19,500

332 미중 무역전쟁 최대수혜주 5대 기업과 핫이슈 모르면 주식 대박 힘들다
저자 서울공대OB주식연구회 / 19,500

333 종근당 취업을 위해 꼭 알아야 할 용어와 이슈
저자 비피기술거래 / 19,500

334 최단시간에 수능 이과 수학 풀려면 3단계법으로 하라
저자 최단시간수능시험연구회 / 19,500

335 현대자동차 취업을 위해 꼭 알아야 할 용어와 이슈
저자 비피기술거래 / 19,500

336 SK하이닉스 취업을 위해 꼭 알아야 할 용어와 이슈
저자 비피기술거래 / 19,500

337 교육서비스 관련 5대 기업과 핵심이슈 모르면 주식 대박 힘들다
저자 서울공대OB주식연구회 / 19,500

338 현대모비스 취업을 위해 꼭 알아야 할 용어와 이슈
저자 비피기술거래 / 19,500

339 4차 산업혁명 핵심분야 핫 키워드와 이슈 모르면 주식 대박 힘들다
저자 서울공대OB주식연구회 / 19,500

340 법원행시 주관식 시험 표출해야 합격한다_ 민법 점수 올리는 꿀팁
저자 최단시간법원행시연구회 / 19,500

341 4차 산업혁명 바이오, 에너지 분야 핫이슈 모르면 주식 대박 힘들다
저자 서울공대OB주식연구회 / 19,500

342 스마트팩토리 최대수혜주 2대 기업과 핫이슈 모르면 주식 대박 힘들다
저자 서울공대OB주식연구회 / 19,500

343 1인 미디어플랫폼 회사 취업을 위해 꼭 알아야 할 용어와 이슈
저자 비피기술거래 / 19,500

344 5G시대 이동통신 회사 취업을 위해 꼭 알아야 할 용어와 이슈
저자 비피기술거래 / 19,500

345 세무사 2차 시험 무조건 합격하는 법_ 눈으로만 보면 주관식 시험은 망한다
저자 최단시간세무사시험연구회 / 19,500

346 5G시대 미디어 콘텐츠 산업 핫 키워드와 이슈 모르면 주식 대박 힘들다
저자 서울공대OB주식연구회 / 19,500

347 보험계리사 2차 필수합격을 위한 공부법과 서브노트의 필요성
저자 최단시간보험계리사연구소 / 19,500

348 5G시대 통신장비업종 취업을 위해 꼭 알아야 할 용어와 이슈
저자 비피기술거래 / 19,500

349 최단시간에 주택관리사 회계원리 개념과 문제풀이 쉽게 정복하는 법
저자 최단시간주택관리사연구소 / 19,500

350 5G폰 부품업체 취업을 위해 꼭 알아야 할 용어와 이슈
저자 비피기술거래 / 19,500

351 日 반도체소재 수출규제에 따른 최대수혜주와 이슈 모르면 주식 대박 힘들다
저자 서울공대OB주식연구회 / 19,500

352 최단시간에 전산회계 1급 이론과 개념 정복하기
저자 최단시간전산회계연구회 / 19,500

353 5G시대 게임 산업 핫 키워드와 이슈 모르면 주식 대박 힘들다
저자 서울공대OB주식연구회 / 19,500

354 핀테크 관련 기업 취업을 위해 꼭 알아야 할 용어와 이슈
저자 비피기술거래 / 19,500

355 사회초년생을 위한 자산관리 필독서
저자 비피기술거래 / 19,500

356 엔젤산업 관련 기업 취업을 위해 꼭 알아야 할 용어와 이슈
저자 비피기술거래 / 19,500

357 스마트시티 관련 기업 취업을 위해 꼭 알아야 할 용어와 이슈
저자 비피기술거래 / 19,500

358 블록체인 플랫폼 기업 취업을 위해 꼭 알아야 할 용어와 이슈
저자 비피기술거래 / 19,500

359 IOT 관련 기업 취업을 위해 꼭 알아야 할 용어와 이슈
저자 비피기술거래 / 19,500

360 교육서비스 관련 기업 취업을 위해 꼭 알아야 할 용어와 이슈
저자 비피기술거래 / 19,500

361 4차 산업혁명 핵심분야 취업을 위해 꼭 알아야 할 용어와 이슈
저자 비피기술거래 / 19,500

362 4차 산업혁명 바이오, 에너지 분야 취업을 위해 꼭 알아야 할 용어와 이슈
저자 비피기술거래 / 19,500

363 스마트팩토리 관련 기업 취업을 위해 꼭 알아야 할 용어와 이슈
저자 비피기술거래 / 19,500

364 미디어, 콘텐츠 관련 기업 취업을 위해 꼭 알아야 할 용어와 이슈
저자 비피기술거래 / 19,500

365 경영지도사 2차 나만의 주관식 문제집을 만들어야 반드시 합격한다
저자 최단시간경영지도사연구회 / 19,500

366 제약 바이오 산업 최대수혜주 5개 기업과 이슈 모르면 주식 대박 힘들다
저자 서울공대OB주식연구회 / 19,500

367 아프리카 돼지열병 관련 7개 기업과 이슈 모르면 주식 대박 힘들다_
저자 서울공대OB주식연구회 / 19,500

368 日반도체소재 수출규제로 떠오르는 기업 취업을 위해 꼭 알아야 할 용어와 이슈
저자 비피기술거래 / 19,500

369 게임 산업 관련 기업 취업을 위해 꼭 알아야 할 용어와 이슈
저자 비피기술거래 / 19,500

370 공인중개사 남들보다 하루라도 먼저 붙는 방법
저자 최단시간공인중개사연구회 / 19,500

371 네이버 취업을 위해 꼭 알아야 할 용어와 이슈
저자 비피기술거래 / 19,500

372 폴더블 스마트폰 시대 최대수혜주 5개 기업과 이슈 모르면 주식 대박 힘들다
저자 서울공대OB주식연구회 / 19,500

373 사회조사분석사 2급 필답형 핵심키워드 간단하게 외워 합격하기
저자 최단시간사조사연구회 / 19,500

374 제약 바이오 산업 관련 기업 취업을 위해 꼭 알아야 할 용어와 이슈
저자 비피기술거래 / 19,500

375 고령사회 실버산업 핫키워드와 이슈 모르면 주식 대박 힘들다
저자 서울공대OB주식연구회 / 19,500

376 개업공인중개사의 네트워크 활동을 통한 경영성과 향상방안
저자 이강복 / 23,000

377 한미약품 취업을 위해 꼭 알아야 할 용어와 이슈
저자 비피기술거래 / 19,500

378 영어 긴 문장도 듣고 말할 수 있는 직효 방법_ 유학준비생을 위한 책
저자 최단시간영어연구회 / 19,500

379 일동제약 취업을 위해 꼭 알아야 할 용어와 이슈
저자 비피기술거래 / 19,500

380 오픈뱅킹과 금융플랫폼 최대수혜주 기업과 이슈 모르면 주식 대박 힘들다
저자 서울공대OB주식연구회 / 19,500

381 행정고시 스트레스나 우울증 없이 쉽게 합격하는 법
저자 최단시간행정고시연구회 / 19,500

382 JW중외제약 취업을 위해 꼭 알아야 할 용어와 이슈
저자 비피기술거래 / 19,500

383 아프리카 돼지열병 관련 기업 취업을 위해 꼭 알아야 할 용어와 이슈
저자 비피기술거래 / 19,500

384 일본어 직청직해로 어휘의 범위를 넓혀라_ 일본 유학준비생을 위한 조언
저자 최단시간일본어연구회 / 19,500

385 투자선호국 1위 베트남 진출 최대수혜주 기업과 이슈 모르면 주식 대박 힘들다
저자 서울공대OB주식연구회 / 19,500

386 폴더블 스마트폰 관련 기업 취업을 위해 꼭 알아야 할 용어와 이슈
저자 비피기술거래 / 19,500

387 이차전지 최대수혜주 5개 기업과 이슈 모르면 주식 대박 힘들다
저자 서울공대OB주식연구회 / 19,500

388 OLED 디스플레이 최대수혜주 7개 기업과 이슈 모르면 주식 대박 힘들다
저자 서울공대OB주식연구회 / 19,500

389 고령사회 실버산업 관련 기업 취업을 위해 꼭 알아야 할 용어와 이슈
저자 비피기술거래 / 19,500

390 자동화시대 정보보안산업 최대수혜주 6개 기업과 이슈 모르면 주식 대박 힘들다
저자 서울공대OB주식연구회 / 19,500

391 신참법조인(변호사, 법무사, 행정사)이 개업 전 전문서적 읽고 정보 습득하는 법
저자 법조연구회 / 19,500

392 급변하는 새로운 금융플랫폼 관련 기업 취업을 위해 알아야 할 용어와 이슈
저자 비피기술거래 / 19,500

393 인플루언서 마케팅 관련 핫 키워드와 이슈 모르면 주식 대박 힘들다
저자 서울공대OB주식연구회 / 19,500

394 비법예문 500가지로 수능 일본어 단어 2달 안에 다 외우기
저자 최단시간일본어연구회 / 19,500

395 2020년 대세 멀티카메라 최대수혜주 5개 기업과 이슈 모르면 주식 대박 힘들다
저자 서울공대OB주식연구회 / 19,500

396 행정사 시험의 시작부터 합격 후의 모든 것 Q_A 가이드
저자 법조연구회 / 19,500

397 신참법조인(변호사, 법무사, 행정사)을 위한 바이오 분야 이슈 및 용어 필독서
저자 법조연구회 / 19,500

398 법조인(변호사, 법무사, 행정사)이 강의 할 때 실수하는 32가지 사례 분석
저자 법조연구회 / 19,500

399 법조인(변호사, 법무사, 행정사)의 영업 전략
저자 법조연구회 / 19,500

400 미세먼지 재난 최대수혜주 6개 기업과 이슈 모르면 주식 대박 힘들다
저자 서울공대OB주식연구회 / 19,500

401 어때요 재수삼수로 의대 들어가기 (20년 3월판)
저자 의대입시연구회 / 19,500

402 베트남 진출 기업 취업을 위해 꼭 알아야 할 용어와 이슈
저자 비피기술거래 / 19,500

403 발포제 산업 최대수혜주 5개 기업과 이슈 모르면 주식 대박 힘들다
저자 서울공대OB주식연구회 / 19,500

404 화장품 산업 최대수혜주 4개 기업과 이슈 모르면 주식 대박 힘들다
저자 비피기술거래 / 19,500

405 법조인이 알아야 할 요기요 같은 배달배송업의 실태와 미래성
저자 법조연구회 / 19,500

406 한한령 해제 최대수혜주 5개 기업과 이슈 모르면 주식 대박 힘들다
저자 서울공대OB주식연구회 / 19,500

407 다문화 가족이 꼭 알고 있어야 손해 보지 않는 노동법
저자 법조연구회 / 19,500

408 재수삼수로 의대가기_ 수학도 결국 외운 것만 실력을 발휘한다
저자 의대입시연구회 / 19,500

409 차세대 디스플레이 관련 기업 취업을 위해 꼭 알아야 할 용어와 이슈
저자 비피기술거래 / 19,500

410 재수삼수로 의대가기_ 수학도 결국 외운 것만 실력을 발휘한다
저자 의대입시연구회 / 19,500

411 담배소매인 지정을 준비하는 사장님들이 꼭 알고 있어야 할 담배사업법
저자 법조연구회 / 19,500

412 신종 코로나바이러스 최대수혜주 6개 기업과 이슈 모르면 주식 대박 힘들다
저자 서울공대OB주식연구회 / 19,500

413 영업이 힘든 법조인을 위한 심리 위안서_ 그래도 법조인이 제일 낫다
저자 법조연구회 / 19,500

414 정보보안산업 관련 기업 취업을 위해 꼭 알아야 할 용어와 이슈
저자 비피기술거래 / 19,500

415 에너지 산업과 이차전지 관련 기업 취업을 위해 꼭 알아야 할 용어와 이슈
저자 비피기술거래 / 19,500

416 수제초콜릿 사업과 부업에 대한 가이드
저자 경제경영연구회 / 19,500

417 멀티카메라 관련 기업 취업을 위해 꼭 알아야 할 용어와 이슈
저자 비피기술거래 / 19,500

418 트렌디 마케팅 관련 기업 취업을 위해 꼭 알아야 할 용어와 이슈
저자 비피기술거래 / 19,500

419 어설퍼도 소설책이 될 만한 이북과 웹소설 빨리 쓰기 노하우
저자 컨텐츠연구회 / 19,500

420 셰일가스(Shale Gas) 최대수혜주 5개 기업과 이슈 모르면 주식 대박 힘들다
저자 서울공대OB주식연구회 / 19,500

421 1급 발암물질 미세먼지 관련 기업 취업을 위해 꼭 알아야 할 용어와 이슈
저자 비피기술거래 / 19,500

422 MLCC 최대수혜주 5개 기업과 이슈 모르면 주식 대박 힘들다
저자 서울공대OB주식연구회 / 19,500

423 기초산업소재 발포제 관련 기업 취업을 위해 꼭 알아야 할 용어와 이슈
저자 비피기술거래 / 19,500

424 코로나19 백신 개발 최대수혜주 5개 기업과 이슈 모르면 주식 대박 힘들다
저자 서울공대OB주식연구회 / 19,500

425 K뷰티 화장품 산업 관련 기업 취업을 위해 꼭 알아야 할 용어와 이슈
저자 비피기술거래 / 19,500

426 탁구장 사업의 전망과 개업을 위한 사업계획 가이드
저자 경제경영연구회 / 19,500

427 대중 수출 회복 관련 기업 취업을 위해 꼭 알아야 할 용어와 이슈
저자 비피기술거래 / 19,500

428 동호인 테니스 승리의 절대 정신 조건_ 집중력
저자 박기혁 / 19,500

429 코로나19 확산이 반도체 산업에 미치는 영향 및 고찰
저자 비피기술거래 / 19,500

430 코로나19 관련 기업 취업을 위해 꼭 알아야 할 용어와 이슈
저자 비피기술거래 / 19,500

431 개업 세무사의 경영판단 훈련_ 거절이나 승낙하기 애매한 제안에 대한 대처법
저자 세무업연구회 / 19,500

432 금융위기, 리츠(REITs) 최대수혜주 5개 기업과 이슈 모르면 주식 대박 힘들다
저자 서울공대OB주식연구회 / 19,500

433 사용후핵연료 처리기술 연구개발 동향
저자 비피기술거래 / 60,000

434 공실 상가주를 위한 해법_ 깔세, 임시세로 공실 해소하기
저자 경제경영연구회 / 19,500

435 코로나19 확산이 정유업계에 미치는 영향 및 고찰
저자 비피기술거래 / 19,500

436 BP와 함께 하는 에너지소비효율등급표시제도 가이드
저자 비피기술거래 / 25,000

437 코로나19 백신 관련 기업 취업을 위해 꼭 알아야 할 용어와 이슈
저자 비피기술거래 / 19,500

438 BP와 함께 하는 친환경농수산물 인증 취득 가이드
저자 비피기술거래 / 25,000

439 행정사와 경영지도사를 위한 BP와 함께 인증사업으로 수익 올리기
저자 비피기술거래 / 19,500

440 BP와 함께 하는 지능형건축물 인증 취득 가이드
저자 비피기술거래 / 25,000

441 BP와 함께 하는 품질경쟁력 우수기업 인증 취득 가이드
저자 비피기술거래 / 25,000

442 BP와 함께 하는 GR마크(우수재활용제품인증마크) 취득 가이드
저자 비피기술거래 / 25,000

443 BP와 함께 하는 위생안전기준 인증 취득 가이드
저자 비피기술거래 / 25,000

444 리츠(REITs) 관련 기업 취업을 위해 꼭 알아야 할 용어와 이슈
저자 비피기술거래 / 19,500

445 행정사, 경영, 기술지도사 실무를 위한 저공해자동차 인증 취득 가이드
저자 한국기술인증협회 / 25,000

446 행정사, 경영, 기술지도사 실무를 위한 방재신기술 인증 취득 가이드
저자 한국기술인증협회 / 25,000

447 행정 정책 공무원이 알아야 할 코로나 후 사회의 변화 모습과 대책
저자 비피기술거래 / 19,500

448 행정사, 경영, 기술지도사 실무를 위한 1등급 의료기기 인증 취득 가이드
저자 한국기술인증협회 / 25,000

449 행정사, 경영, 기술지도사 실무를 위한 전통식품품질 인증 취득 가이드
저자 한국기술인증협회 / 25,000

450 학원강사와 은퇴자들이여 인증관리사로 제2의 인생을 살아라
저자 한국기술인증협회 / 19,500

451 관세사의 영업 전략_ 인증대행 세미나와 네트워크
저자 한국기술인증협회 / 19,500

452 행정사, 경영, 기술지도사 실무를 위한 웹 접근성 품질인증 취득 가이드
저자 한국기술인증협회 / 25,000

453 행정사, 경영, 기술지도사 실무를 위한 소프트웨어(프로세스)품질인증 취득 가이드
저자 한국기술인증협회 / 25,000

454 동호인 테니스 허리, 무릎 다치지 않고 오래 치게 관리하는 법
저자 박기혁 / 19,500

455 경영, 기술지도사, 행정사 실무를 위한 유기가공식품 인증 취득 가이드
저자 한국기술인증협회 / 25,000

456 4050 여성 다이어트 비법_ 음식 안 남기고 다 먹으려는 생각을 버려라
저자 비피생활문화연구소 / 19,500

457 경영, 기술지도사, 행정사 실무를 위한 농산물우수관리(GAP)인증 취득 가이드
저자 한국기술인증협회 / 25,000

458 상가 공실 임대주를 위한 코로나 후 변화한 사회에 대한 대응책
저자 비피기술거래 / 19,500

459 아무 주식이나 사도 오르던 20년 5월의 증시와 경제 의미 분석
저자 증권투자법조인클럽 / 19,500

460 경영, 기술지도사, 행정사 실무를 위한 어린이제품안전인증 취득 가이드
저자 한국기술인증협회 / 25,000

461 경영, 기술지도사, 행정사 실무를 위한 HACCP 인증 취득 가이드
저자 한국기술인증협회 / 25,000

462 화장품 사업자를 위한 포스트 코로나 시대에서 살아남는 법
저자 비피기술거래 / 19,500

463 경영, 기술지도사, 행정사 실무를 위한 환경성적표지(EPD)인증 취득 가이드
저자 한국기술인증협회 / 25,000

464 포스트 코로나 시대에 유튜버와 컨텐츠 사업자가 나아갈 길은 어디인가
저자 비피기술거래 / 19,500

465 경영, 기술지도사, 행정사 실무를 위한 LOHAS 인증 취득 가이드
저자 한국기술인증협회 / 25,000

466 포스트 코로나 시대 반도체 관련 기업 취업을 위한 용어와 이슈
저자 비피기술거래 / 19,500

467 경영지도사, 행정사 실무를 위한 녹색기업 지정제도 가이드
저자 한국기술인증협회 / 25,000

468 코로나19 이후 정유업계 기업 취업을 위한 용어와 이슈
저자 비피기술거래 / 19,500

469 기술지도사, 행정사 실무를 위한 정보보호제품 평가인증 취득 가이드
저자 한국기술인증협회 / 25,000

470 이공학엔지니어를 위한 다이어트_ 자기보상을 확실히 해줘라
저자 비피생활문화연구소 / 19,500

471 회생위원이 감수한 알기 쉬운 개인회생 · 파산
저자 변호사 김민규 · 김미현 / 19,500

472 경영지도사, 행정사 실무를 위한 환경교육프로그램 지정제도 가이드
저자 한국기술인증협회 / 25,000

473 기술지도사, 행정사 실무를 위한 녹색인증 취득 가이드
저자 한국기술인증협회 / 25,000

474 경영지도사, 행정사 실무를 위한 KS인증 취득 가이드
저자 한국기술인증협회 / 25,000

475 기술지도사, 행정사 실무를 위한 녹색건축 인증 취득 가이드
저자 한국기술인증협회 / 25,000

476 경영지도사, 행정사 실무를 위한 건축물 에너지효율등급인증 취득 가이드
저자 한국기술인증협회 / 25,000

477 기술지도사, 행정사 실무를 위한 토종가축 인정제도 가이드
저자 한국기술인증협회 / 25,000

478 경영지도사, 행정사 실무를 위한 우수물류기업 인증 취득 가이드
저자 한국기술인증협회 / 25,000

479 예비탐정(민간조사자)이 개업을 준비할 때 알아야 할 필수팁 모음집
저자 탐정업연구회 / 19,500

480 기술지도사, 행정사 실무를 위한 동물복지축산농장인증 취득 가이드
저자 한국기술인증협회 / 25,000

481 소방설비기사(기계분야) 하루라도 먼저 붙게 하는 암기책
저자 소방수험연구회 / 19,500

482 경영지도사, 행정사 실무를 위한 드론인증 취득 가이드
저자 한국기술인증협회 / 25,000

483 주택관리사 시설개론 하루라도 빨리 붙게 하는 비법책
저자 주택관리사시험연구회 / 19,500

484 기술지도사, 행정사 실무를 위한 수산물품질인증 취득 가이드
저자 한국기술인증협회 / 25,000

485 경영지도사, 행정사 실무를 위한 수산물 지리적표시제도 가이드
저자 한국기술인증협회 / 25,000

486 행정공무원, 의원보좌관이 알아야 할 이슈_ 공매도 행동주의 회사들과 니콜라 주식
저자 행정정책연구회 / 19,500

487 정책 및 지방공무원이 알아야 할 수소차와 수소경제 이야기
저자 행정정책연구회 / 19,500

488 증권투자자가 알면 좋을 포스트 코로나 시대의 삶과 백신 개발의 선두주자
저자 증권투자연구회 / 19,500

489 정책 지방공무원이 알아야 할 바이든 당선과 트럼프 패배가 가지는 의미
저자 행정정책연구회 / 19,500

490 일론머스크의 명언과 삶 그리고 약간의 프랑스어
저자 비피기술거래 / 19,500

491 동호인 테니스 공격적 결정발리의 핵_ 어깨가 들어가는 발리
저자 박기혁 / 19,500

492 맞춤형 화장품 조제관리사 교과서 술술 읽히고 암기되게 하는 책
저자 자격증수험연구회 / 19,500

493 은퇴자가 강의 스트레스 없이 완벽한 강의하는 법
저자 비피기술거래 / 19,500

494 전달력이 좋은 유튜브 강의법과 2차 수익모델 기부 받는 유튜브 이야기
저자 박강사 / 19,500

495 가솔린차에서 전기차로의 대전환과 관련한 부품회사 직원 교육법
저자 기술튜터토니 / 19,500

496 특성화고 강사 교사가 모터를 재미있게 잘 강의하는 법
저자 기술튜터토니 / 19,500

497 반도체 지식이 부족한 반도체 관련 회사 일반직원을 교육시키는 법
저자 기술튜터토니 / 19,500

498 섬유공학 패션의류 교강사가 강의를 효율적으로 재미있게 하는 법
저자 기술튜터토니 / 19,500

499 회사원이나 공무원이 행정사 1차 객관식 시험 합격하는 방법
저자 행정사시험연구회 / 19,500

500 공부시간이 부족한 기술고시 수험생을 위한 필승합격법
저자 기술고시수험연구회 / 19,500

501 셀트리온 그룹 주식 매수 전 알아야 할 용어와 이슈
저자 비피기술거래 / 19,500

502 제약 바이오산업 최대수혜주 기업과 이슈 동향 분석
저자 서울공대OB주식연구회 / 19,500

503 글로벌 친환경 정책 및 산업별 동향 분석
저자 비피기술거래 / 19,500

504 삼성전자 핫 키워드와 이슈 모르면 주식 대박 힘들다
저자 서울공대OB주식연구회 / 19,500

505 수소연료전지 시스템 구성에 필요한 BOP
저자 비피기술거래 / 60,000

506 반도체 핵심 삼성전자 취업을 위해 꼭 알아야 할 용어와 이슈
저자 비피기술거래 / 19,500

507 바이오 핵심 셀트리온 그룹 취업을 위해 꼭 알아야 할 용어와 이슈
저자 비피기술거래 / 19,500

508 IT 게임업계 임직원을 위한 다이어트_ 심리학적 전략을 세워라
저자 비피생활문화연구소 / 19,500

509 감정평가사 합격 후 해야 할 일_ 전문서적 읽기와 영업론 파악
저자 감평사실무연구회 / 19,500

510 포스트 코로나 시대에 필요한 비대면 강의법
저자 비피기술거래 / 19,500

511 행정 정책 공무원이 알면 좋을 배달배송업의 현황과 미래
저자 비피기술거래 / 19,500

512 기술 행정 정책 공무원을 위한 반도체 관련 용어와 유래
저자 비피기술거래 / 19,500

513 가스기능사 필기시험 교과서 쉽고 빠르게 읽을 수 있는 법
저자 비피기술거래 / 19,500

514 의료인이 포스트 코로나 시대를 대비하여 알아야 할 사회 트렌드
저자 비피기술거래 / 19,500

515 동호인 탁구 관절 건강 지키며 즐겁게 오래 치는 법
저자 박기혁 / 19,500

516 취업난 속 인문대 졸업생에게 작사가를 추천하는 이유와 진입 가이드
저자 비피생활문화연구소 / 19,500

517 행정 정책 공무원이 알아둘 코로나로 인한 사회 변화와 코로나 백신
저자 비피기술거래 / 19,500

518 출판업 창업자를 위한 종이책과 이북 전자책에 대한 시장 분석과 가이드
저자 비피기술거래 / 19,500

519 자동차 관련 회사 임직원이 알면 좋을 미래에너지 수소와 수소차
저자 비피기술거래 / 19,500

520 상가 임대사업주의 공실 해결법_ 간판과 임시세 적극 활용하기
저자 비피기술거래 / 19,500

521 종교지도자가 숙지하면 좋을 코로나 후 우리 삶의 변화와 고찰
저자 비피기술거래 / 19,500

522 해외 주식 투자자는 이것을 알아야 한다_ 행동주의 공매도와 사례들
저자 서울공대OB주식연구회 / 19,500

523 의료인이 강의할 때 실수하는 사례 모음 및 강의 잘하는 법
저자 비피기술거래 / 19,500

524 신참법조인이 B급 전략을 안다면 개업에 성공할 수 있다
저자 법조연구회 / 19,500

525 담배소매업 개업 및 겸업 가이드와 Q_A
저자 비피기술거래 / 19,500

526 은퇴자가 증권투자를 해야 하는 이유 제시와 조언
저자 서울공대OB주식연구회 / 19,500

527 행정사 실무를 위한 전기용품 및 생활용품 안전관리법과 제도
저자 한국기술인증협회 / 25,000

528 공인중개사시험 의욕 부족한 사람 동기부여하여 합격하는 법
저자 자격증수험연구회 / 19,500

529 행정사 실무를 위한 환경측정기기 형식승인 정도검사 제도
저자 한국기술인증협회 / 25,000

530 골프 유망주가 무기력증과 우울감을 극복하여 성과 내게 도움주는 책
저자 비피교육연구소 / 19,500

531 국가과제 평가위원 활동 능숙하게 하는 법
저자 국가과제평가연구회 / 19,500